不一样的**数学故事书**

顾问　义务教育数学课程标准修订组组长
北京师范大学教授　**曹一鸣**

奇妙数学之旅

畅游海底世界

二年级适用

主编：禹　芳　王　岚　孙敬彬

华 语 教 学 出 版 社

图书在版编目（CIP）数据

奇妙数学之旅．畅游海底世界 / 禹芳，王岚，孙敬彬主编．— 北京：华语教学出版社，2024.9
（不一样的数学故事书）
ISBN 978-7-5138-2528-3

Ⅰ．①奇… Ⅱ．①禹… ②王… ③孙… Ⅲ．①数学—少儿读物 Ⅳ．① O1-49

中国国家版本馆 CIP 数据核字（2023）第 257647 号

奇妙数学之旅·畅游海底世界

出 版 人 王君校
主　　编 禹　芳　王　岚　孙敬彬
责任编辑 徐　林　谢鹏敏
封面设计 曼曼工作室
插　　图 枫芸文化
排版制作 北京名人时代文化传媒中心
出　　版 华语教学出版社
社　　址 北京西城区百万庄大街 24 号
邮政编码 100037
电　　话（010）68995871
传　　真（010）68326333
网　　址 www.sinolingua.com.cn
电子信箱 fxb@sinolingua.com.cn
印　　刷 河北鑫玉鸿程印刷有限公司
经　　销 全国新华书店
开　　本 16 开（710 × 1000）
字　　数 80（千）　　7.75 印张
版　　次 2024 年 9 月第 1 版第 1 次印刷
标准书号 ISBN 978-7-5138-2528-3
定　　价 30.00 元

写给孩子的话

学好数学对于学生而言有多方面的重要意义。数学学习是中小学生学生生活、成长过程中的一个重要组成部分。可能对很多人来说，学习数学最主要的动力是希望在中考时有一个好的数学成绩，从而考入重点高中，进而考上理想的大学，最终实现“知识改变命运”的目的。因此为了提高考试成绩的“应试教育”大行其道。数学无用、无趣，甚至被视为升学道路上“拦路虎”的恶名也就在一定范围、某种程度上产生了。

但社会上同样也广为认同数学对发展思维、提升解决问题的能力具有不可替代的作用，是科学、技术、工程、经济、日常生活等领域必不可少的工具。因此，无论是为了升学还是职业发展，学好数学都是一个明智的选择。但要真正实现学好数学这一目标，并不是一件很容易做到的事情。如果一个人对数学不感兴趣，甚至讨厌数学，自然就不会认识到学习数学的好处或价值，以致对数学学习产生负面情绪。适合儿童数学学习心理特点的学习资源的匮乏，在很大程度上是造成上述现象的根源。

为了改变这种情况，可以采取多种措施。《奇妙数学之旅》

这套书从儿童数学学习的心理特点出发，选取小精灵、巫婆、小动物等陪同小朋友一起学数学。通过讲故事的形式，让小朋友在轻松愉快的童话世界中，去理解数学知识，学会数学思考并尝试解决数学问题。在阅读与思考中提高学习数学的兴趣，不知不觉地体验到数学的有趣，轻松愉快地学数学，减少对数学的恐惧和焦虑，从而更加积极主动地学习数学。喜欢听童话故事，是儿童的天性。这套书将数学知识故事化，将数学概念和问题嵌入故事情境中，以此来增强学习的趣味性和实用性，激发小朋友的好奇心和想象力，使他们对数学产生兴趣。当孩子们对故事中的情节感兴趣时，也就愿意去了解和解决故事中的数学问题，进而将抽象的数学概念与自己的日常生活经验联系起来，甚至可以了解到数学是如何在现实世界中产生和应用的。

大中小学数学国家教材建设重点研究基地主任

北京师范大学数学科学学院二级教授

人物名片

一个热爱数学的女生，拥有一种特殊能力：能够听懂动物的语言，可以和动物交流。经常帮助动物们解决问题。

海底世界的一只小丑鱼，聪明好问，喜欢学习数学知识，是江美美在海底世界认识的第一个朋友。

小丑鱼伊伊的好朋友，海底世界的一只小海马，淘气又聪明，会很多魔法，也和江美美成了好朋友。

CONTENTS 

目录

故事序言

海边，阳光懒洋洋地洒满大地。阵阵微风吹过，真是一个惬(qiè)意的清晨。大树下，江美美正在观察小蚂蚁搬米粒。她有一种特殊本领，可以听懂动物说话，也可以和动物进行交流。

只见五六只小蚂蚁举着米粒，一起喊着："一二一，一二一！"还有几只小蚂蚁正急急忙忙地赶来，有一只跑得太匆忙，一不留神，就跑出了队伍。江美美急忙提醒他："小蚂蚁，你跑过头啦！快回来！"

"谢谢你，小朋友，哦，不对，是大朋友，超级大的大朋友。"

看着小蚂蚁顺利地找到队伍，江美美放心了。正当她准备离开时，听到有人在喊："江美美，江美美……"

她四处张望，只听到沙沙的树叶声，还有不远处哗哗的海浪声。

正当她疑惑万分时，一个又一个五彩泡泡从大海中飘出来，飘到她身边，形成了一个大泡泡。大泡泡碰到她的瞬间，砰的一下，破了。江美美吓了一跳，正准备后退时，大泡泡把她包裹起来，向空中飘去。江美美伸手摸了摸，什么也摸不到。她又惊喜又害怕，不知道这个大泡泡会把她带去哪里。只见这个大泡泡飘啊飘啊，飘向了不远处的大海……

第一章

遇见海底朋友

—100以内的加法和减法

大泡泡裹着江美美飘到海面，啪的一下沉向海底。下沉到一半，大泡泡像果冻一样被什么吸住了，不知道从哪里又飘来一大串泡泡，围绕着大泡泡挤呀挤，大泡泡又继续下沉，轻轻地落在海底。

江美美踩着海底柔软的沙子，身上的泡泡逐渐消失。她还没来得及想泡泡的事情，就被眼前的景象吸引住了。这里到处都是五颜六色、形状各异的珊瑚（shān hú）小屋，仿佛是一个珊瑚王国。

这些景象江美美在故事书中看到过，她一直想着要是能亲眼看一看就好了，没想到现在竟然梦想成真，她不仅看到了，还身临其境。真的太棒了！

江美美兴奋地向珊瑚小屋游去。还没靠近珊瑚小屋，她就看到不远处有一群小鱼在海草间蹿（cuān）来蹿去，差点儿掀（xiān）翻一只正在睡觉的小海龟。鱼妈妈气鼓鼓地紧跟在后面嚷（rāng）嚷："你们再乱跑，就赶不上去集市啦！"

"集市？"听到有集市，江美美想到了各种美食，她决定跟着小鱼和鱼妈妈去集市看看。

集市很快就到了。江美美看到了各种美味的小吃、琳琅（lín láng）满目的商品，还有许多奇形怪状的海洋生物。

忽然，江美美听到一个着急的声音："海星爷爷，您算错了，不是66个。"咦？好像是数学问题！对数学向来很感兴趣的江美美顺着声音游过去，看见一只卖海藻(zǎo)点心的小丑鱼和来买东西的海星爷爷因点心的数量在争论。

江美美仔细观察了一下，点心摊上有三个盒子，每个盒子里的点心口味不同，数量也不同。第一盒是芝麻海苔味的，第二盒是红藻草莓味的，第三盒是巧克力味的。

“第一盒里有 19 个，第二盒里有 27 个，第三盒里有 26 个……”海星爷爷不停地嘀(dí)咕(gu)着，“19+27+26 到底是多少啊，算不清，真烦人！”

他摆摆手说：“哎哟，年纪大了，算不出

来啊。伊伊，你拿个计算器出来吧。”原来那条小丑鱼名叫伊伊。

“海星爷爷，三个一起算比较难，您可以**先把第一盒和第二盒加起来，用加出来的结果再加第三盒的数量**，这样就能算出三盒一共有多少个了。”

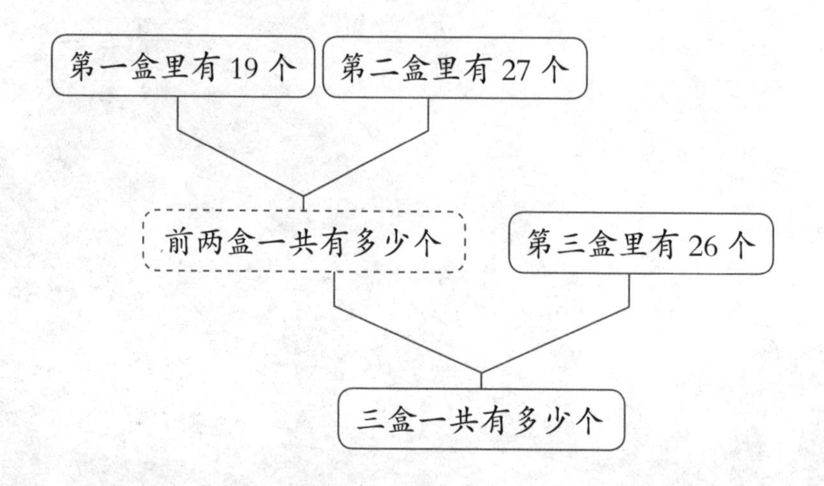

江美美上数学课时就是这样计算的，所以她把方法告诉了海星爷爷。海星爷爷推了推老花镜，摆了摆手说:“数字太多了，记不住，记不住！”

“海星爷爷，要不您少买些？”伊伊跟海星爷爷商量。

“不行，明天我的孩子们要回家看我，我得给孙儿们准备些好吃的。”

海星爷爷可疼他的孩子们了，看来只能卖给他了。可伊伊也算不出来呀，他不擅(shàn)长数学计算。他今天只是临时帮水母阿姨照看摊位。

“你有笔和纸吗？”江美美问伊伊。

“有，对啦，可以用笔算呀，我怎么才想到。”伊伊拿出笔和本。

“我们可以写出来试试！”伊伊边说边写，不一会儿，本子上出现了一个长算式和两个竖式：

$$19+27+26=72\text{（个）}$$

$$\begin{array}{r} 19 \\ +\ 27 \\ \hline 46 \end{array} \qquad \begin{array}{r} 46 \\ +\ 26 \\ \hline 72 \end{array}$$

“海星爷爷，您看。”伊伊将本子递给海星爷爷，“三盒的数量分别是 19，27，26。**第一步**，先算 19+27，结果是 46；**第二步**，再算 46+26，结果是 72。”

海星爷爷一看，说道：“问题解决了！ 72 个，我都要了，明天我的孙儿们有可口的点心吃喽！”付完钱，他笑眯眯地走了。

“小朋友，你真聪明！数字比较大，口算算不出来，想到了用笔算。”江美美听到有人夸，回头一看，是水母阿姨回来了。

“谢谢你的帮助。”伊伊开心地在江美美身边转圈圈。

“我还有种简单的写法，你要不要看看？”

“当然要了！”伊伊是个好学宝宝，一听说有简单的方法，就马上让江美美写出来给他看。江美美接过本子，写了起来。

“这是一个连加算式，先算 19+27 的和，再加 26，用第一步的结果 46 直接加 26 算出最后结果，这样就不用分开列两个竖式。”江美美边写边说。

$$1\underbrace{9+2}\underbrace{7+26}=72\text{（个）}$$

$$\begin{array}{r} 19 \\ +\,2_{1}7 \\ \hline 46 \\ +\,2_{1}6 \\ \hline 72 \end{array}$$

伊伊看看左边，又看看右边，**将两种竖式进行对比**，发现这个竖式虽和他的算法一样，但写起来更简单。他忍不住夸奖道："你真聪明！我可以和你交个朋友吗？"

"我叫江美美，刚刚从陆地上来海底世界探险呢。"江美美急忙自我介绍。

"原来你就是江美美！"伊伊惊喜地说，"早就听说有个喜欢数学的小朋友会说动物语言，是大家的好朋友。陆地上的动物朋友们都很喜欢你，到处都能听到你的故事。我们海里的小动物也想邀(yāo)请你来做客呢，没想到今天就见到你了。进入海底之前，你身上的泡泡是大家施的魔法，有了它，你才能进入海底世界。"

江美美正纳(nà)闷儿为什么伊伊知道她的名字，为什么她会被大泡泡带到海底，原来大家早就知道她啦，还用魔法帮她来到海底。

做成一笔大生意的水母阿姨很感谢江美美和伊伊，她知道江美美是第一次来海底世界，便亲切地对她说："小朋友，今天真是太谢谢你了。欢迎来到我们海底世界做客。"

说到这里，江美美突然想起来，海底世界虽好，可自己住哪里呢？伊伊仿佛有一双透视眼，看出了她的心思：“江美美，我们已经是好朋友啦，在海底的这段时间，你就住我家吧。”江美美求之不得，急忙点头答应了。

江美美答应得爽快，可伊伊又犹豫了。他挠(náo)了挠头说：“不好意思，我家里还住着一个小伙伴。”江美美听了心想，伊伊家住不下，自己该不会晚上要住在大泡泡里吧。

“住我家的小伙伴最近遇上了一些麻烦，你数学这么厉害，请你帮帮忙可以吗？”

原来是这样，小菜一碟！解决数学问题是江美美最乐意做的事，

她赶紧点头答应。就这样，江美美有了第一个海底朋友——伊伊。

伊伊带着江美美穿过海草和岩石，来到一片空地。路上，江美美一直在想伊伊家会是什么样子，是像小丑鱼那样有鲜艳的颜色吗？还是……眼前突然出现了一个珊瑚小屋。江美美使劲揉(róu)了揉眼睛，这个小屋好像从天而降。

“是魔法吗？”江美美十分震惊，转头问伊伊。

“嘿嘿，被你发现了。我们这里的动物会用魔法把自己的住处隐(yǐn)藏起来，别人看不见，也进不来。这样，凶猛的动物就不会攻击我们啦。”

江美美和伊伊走进珊瑚小屋，发现这里竟然是人类房子的缩小版，客厅、厨房、卧室一个都不少。不一样的是珊瑚屋里亮闪闪的，不用灯也能看清周围环境，而且这里的厨房会魔法，能做出小动物们想吃的食物。江美美羡慕(xiàn mù)得两眼直放光。

当他们走到一个卧室门前时，江美美感到一股热气扑面而来。“为什么这里的温度比其他地方高？”她问道。

“这个，你一会儿就知道了。”伊伊敲了敲门，门从里面打开了。

“江美美，你好！我是海马逗逗。”一只红脸小海马出现了。

“你好，逗逗，你是伊伊说的需要帮忙的朋友吗？”江美美一靠近海马，就感到一股热气。

逗逗叹了口气，把最近的遭遇一五一十地告诉了江美美。

前段时间，海底火山有爆(bào)发的迹象。逗逗和小动物们用魔法将海底火山控制住了，海底家园是保住了，可逗逗的魔法能量消耗光了，所以变得如此虚弱。

海星爷爷告诉他，要想让魔法恢复，**需要不断地学习新知识**。学得越多，本领越强，就能获得新魔法。

江美美听了逗逗的讲述，拍着胸脯说："请放心，一切包在我身上。我很喜欢海底这个神奇的地方。"

逗逗听到江美美的话很开心，只是他棕褐(hè)色的皮肤也变得像脸一样红了。他身体还没有恢复，又说了好多话，导致身体更加虚弱了。伊伊赶紧说："快，我们到厨房拿冰块给逗逗降降温。"

伊伊和江美美打开冰箱抽屉一看，两个抽屉都塞满了冰块，方形的、圆柱形的、圆球形的……伊伊拿了一个方形的冰块给逗逗敷上，有了冰块降温，逗逗的体温很快恢复了正常。

江美美看到冰箱里有这么多冰块，随口就问："伊伊，这冰箱里有

多少冰块？”

伊伊想了想说：“逗逗受伤会发热，大家送了很多冰块过来。我想想，水母阿姨**送来50块**，**已经用了38块**，我看冰块不多了，**又买了40块**。我算算**现在有多少块**。”

$$50-38+40=52\text{（块）}$$

$$\begin{array}{r}50\\-\ 38\\\hline 12\end{array}\qquad\begin{array}{r}12\\+\ 40\\\hline 52\end{array}$$

“冰箱里现在有52块冰块。”伊伊高兴地报出答案。

“不用两个竖式，一个就可以了。”江美美说。

“对，一个长的竖式就好了，把两个合起来简单一些。”伊伊突然想起来了。

“这次的算式有些不一样，有加法也有减法。**第一步是减法**，算起来容易出错，可以列竖式计算。**第二步是加法**，数字也变小了，比较简单，可以直接口算。你看！”江美美很快在纸上写了一个算式。

$$50-38+40=52\text{（块）}$$

$$\begin{array}{r}50\\-\ 38\\\hline 12\end{array}$$

$$12+40=52\text{（块）}$$

逗逗凑近看伊伊列的算式，又看看江美美列的算式，发现确实如江美美所说，算完减法之后，12＋40就可以直接口算了。口算可比笔算简单多了！伊伊恍（huǎng）然大悟："我明白了，不是所有两位数加减两位数都要笔算，**比较简单的就可以口算**，这样可以加快速度。我们在解决问题时，**要根据数的特点灵活选择合适的计算方法**。"

听着伊伊的总结，逗逗顿时感觉身上的热量减少了一些："原来这就是智慧的力量。江美美，谢谢你！我学到新知识后，感觉魔法恢复了一些。"

江美美很高兴能够帮上逗逗，三个小伙伴正式成了好朋友，他们给自己取了一个响亮的名字——海底智囊（náng）团。

"＋"和"－"的来历

我们在日常生活中常常会使用加号"＋"或者减号"－"。加减号是怎样出现并表示加减意义的呢？有这样一种说法。减号的标记"－"刚开始仅仅是普通的横线记号而已。海上航行的船上安放有蓄水桶，船员在使用桶里的水时，会用一条横线标记"到此为止的水已经用完"。而这就是减号的雏形。用了水必然要重新添加水，当新的饮用水被灌入蓄水桶里时，在之前用水减少的标记上画上一条竖线表示该标记被取消。这也就成为加号"＋"的来历。

数学小博士

名师视频课

聪明又热心的江美美因为海底动物们的邀请，来到了海底世界，结识了小丑鱼伊伊和海马逗逗。逗逗因为保护海底世界失去了魔法，需要江美美的帮助。江美美帮助伊伊和逗逗学会了 100 以内的加法和减法，也教他们学会了解决加减混合运算的问题。

根据他们的经历，我们可以知道，如果口算困难，可以列竖式计算。如下图，可以分开列两个竖式计算，也可以用一个竖式连加计算。

$$\begin{array}{r} 19 \\ +27 \\ \hline 46 \end{array} \qquad \begin{array}{r} 46 \\ +26 \\ \hline 72 \end{array}$$

$$\begin{array}{r} 19 \\ +27 \\ \hline 46 \\ +26 \\ \hline 72 \end{array}$$

有时可以用竖式和口算结合，如 50−38＋40，50−38 有退位可以列竖式，如下图，算出来的 12+40 就可以口算得到 52。

$50-38+40=52$

$$\begin{array}{r} 50 \\ -\ 38 \\ \hline 12 \end{array}$$

$12+40=52$

计算时到底是列竖式还是口算，要根据数的特点和个人的运算能力来进行选择。大家知道怎么判断了吗？

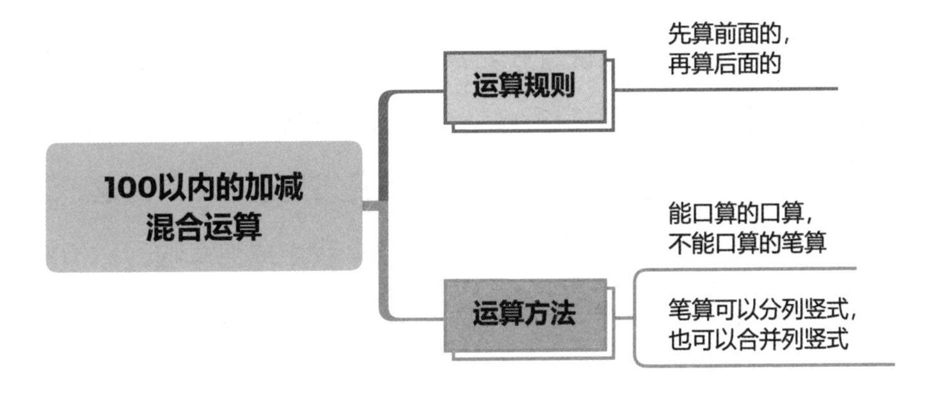

逗逗恢复了体力，又认识了新朋友，开心极了。三个小伙伴迫不及待地跑到屋外玩捉迷藏。

“三、二、一，你们藏好了吗？我来找啦！”江美美环顾四周，寻找适合藏身的地方。大家要藏起来，肯定要找适合藏身的地方，找到这些地方就能找到他们啦。

果然，江美美很快就在岩洞找到了正在摆尾巴的伊伊。可逗逗在哪里呢？

江美美和伊伊把岩石洞找了个遍，还是没有找到逗逗。这时，海草丛里传来一个声音：“哈哈哈，我变成海草啦，你们能在一群海草中找到我吗？”对呀，伊伊早就说过，海底世界里的动物都会魔法，逗逗刚刚恢复体力，魔法会很厉害吗？会变得和海草一模一样吗？要是他留个尖尖的嘴巴就好了，或者留个会打卷的尾巴也行。

江美美绕着屋子周围的海草看了又看，没看出哪棵海草有什么异样。她数了数周围的海草，长叹了口气说：“屋子的东面有 23 棵海草，西面有 18 棵海草，北面的海草最多，有 37 棵，一共有 78 棵海草。这么多，怎么找嘛！”

“嗖”，一只海马从海草中游了出来，是逗逗！他凑到江美美身边惊讶地问：“江美美，23+18+37 列竖式要算两步，你怎么一下子就算出来了？”

小朋友，你知道江美美为什么能算这么快吗？

温馨小提示

东面 23 棵海草的个位是“3”，北面 37 棵海草的个位是“7”，3 和 7 能凑成 10，23+37=60，先算出这两个数相加的和，计算就简单多啦。再和西面的海草合起来，60+18=78，马上就能算出答案了。这个方法就是上面三个小伙伴总结的：解决问题时要观察数的特点，选择合适的方法可以加快计算速度。小朋友，你学会了吗？

第二章

海底入口的秘密

——比较数量的多少

清晨，太阳光穿透海面，海底小动物们还在沉睡，江美美被一阵急促的敲门声惊醒。

“谁啊？”她揉揉眼睛，起身去开门。同样被吵醒的还有伊伊和逗逗，他们也爬起来去看门口是谁。

门外是海星爷爷，只见他皱（zhòu）着眉头，拄着拐杖，神色焦急地站在门口。

“海星爷爷，您怎么一大早的就这么着急呀？”伊伊疑惑地问。

“急死了，我的孩子们被魔法屏障（píng zhàng）阻挡在海底世界外面，进不来啦！”

三个小伙伴立即跟着海星爷爷来到了海底世界的入口。在入口处，只见两条灯笼鱼守卫小蓝和小黄正在努力尝试打开入口：朝屏障里面和外面吐泡泡。

“小蓝，小黄，你们**两人吐的泡泡要同样多**才能让海底世界入口的里面和外面达到平衡（héng），我的孩子们才能进来。”海星爷爷焦急地用拐杖敲打着地面说。

小蓝和小黄是两兄妹，小蓝是哥哥，小黄是妹妹。今天是他们第一次把守海底世界的入口，遇到了这种事情，他们也十分着急：“海星爷爷，我们两个是第一次合作，怎么都配合不好。”

江美美看着也十分着急，刚想冲上去帮忙，伊伊立刻阻止了她：“海底世界的入口以后要靠小蓝和小黄来守护，今天你直接帮他们解决了问题，以后没有你的帮忙，他们再遇到这样的事怎么办？这种魔法泡泡只有主人才能操控，还是**要他们自己掌握方法才行**。”江美美点点头，看着小蓝和小黄继续工作。

江美美数了数，小蓝吐了 12 个蓝泡泡在里面，小黄吐了 8 个黄泡泡在外面。怎样能帮助小蓝和小黄配合默契(qì)，让他们自己解决问题呢？突然，她想到了一个好办法。

“小蓝，小黄，你们**把各自吐的泡泡排成一行**，一个黄泡泡和一个蓝泡泡对齐。”江美美大声喊道。

“这个简单。”小蓝和小黄甩动尾巴，把各自吐出的泡泡排成整整齐齐的两行。

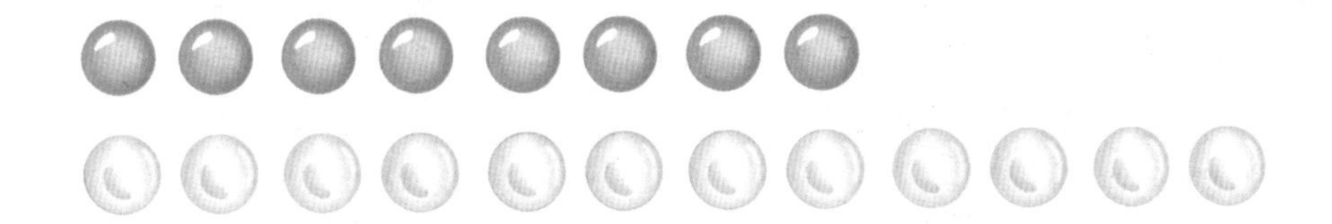

“哥哥吐的泡泡**比我多**，我再吐 4 个泡泡，就和他一样多了。”

“妹妹吐的泡泡**比我少**，我吞掉 4 个泡泡，就和她一样多了。”

兄妹俩把泡泡对齐，一眼就能看出两种泡泡数量上的差异了。

海星爷爷刚松了一口气。就听见小蓝和小黄喊道：“不行，不行！”逗逗游过去一看，小蓝和小黄张着嘴巴痛苦地扭动着身体。他们刚才花费了大量的魔法精力，现在已经没有力气再施(shī)展魔法收泡泡和吐泡泡了。眼看着孩子们没有办法进入海底世界，海星爷爷在一旁伤心地抹眼泪。

江美美也很着急，她仔细观察泡泡说："小蓝，你可以把多的泡泡移到屏障外面，你想一想，移出去几个后，里面和外面的泡泡能同样多？"

"我比妹妹多 4 个泡泡，**如果把这 4 个泡泡分一半给她，那我们的泡泡就同样多了**。"小蓝轻轻地摆了摆鱼尾，最后面的两个泡泡朝外面飘去，入口里面和外面的泡泡终于一样多了。

只见屏障外面和里面的泡泡慢慢融合到一起，融合之处，魔法屏障一点一点变薄，最后形成了一个圆形入口。海星爷爷的孩子们翻着

跟斗，一个接一个地穿过入口，冲到了海星爷爷的怀里。看见海星爷爷一家终于团聚，江美美和伊伊手拉手地跳起舞来，只有逗逗还围着泡泡看个不停。

“江美美，我想了想，有**三种方法**可以帮助灯笼鱼。”江美美朝逗逗走来时，逗逗兴奋地对她说，并把他想到的三种方法画了一个结构图。

“逗逗，你的魔法太厉害了。”伊伊抱住逗逗高兴地说。

“不，这不是魔法。”逗逗摇晃着头，尾巴也跟着摇晃了起来。

“嗯？不是魔法是什么？”伊伊很是疑惑。

“是知识，是江美美教给我的知识很厉害。”逗逗看着江美美笑着说。

“海底魔法也很厉害，很多我都想不明白，比如——”江美美问，“我进入海底世界时，身上不仅有个大泡泡，还有很多一串串的小泡泡，这好像和刚才海星家的不一样，这是怎么回事？”

“海星是海洋生物，进入海底世界只要少量魔法泡泡就能打开海底世界的入口。你是陆地生物，需要大量的魔法泡泡把你包裹住才能让你进入海底世界。”伊伊回答说。

这时，一直默不作声的小黄骄傲地说：“你进入海底世界时，是我们的爸爸妈妈为你打开了魔法屏障，你身上的魔法泡泡是他们的杰作。”

小蓝、小黄的爸爸妈妈守卫海底世界的入口已经有很多年了。原本他们打算让小蓝和小黄慢慢练习，等完全掌握了方法再接班。可有爸妈在身边，他们学得并不用心。此前江美美来海底世界所需的泡泡，就是小蓝和小黄负责数，可他们很不认真，总是出错。爸爸妈妈发现这个问题后，只能狠下心来提早离开，希望小蓝和小黄在独自守卫的过程中能认真学习。

江美美真没想到，小蓝和小黄成为海底世界入口的守卫者还跟她有关系。她好奇地问：“我来海底那天，你们是怎么弄错泡泡数量的？举个例子吧！”

“上次因为需要很多泡泡才能把你包裹起来，妈妈让我和小黄都帮忙吐泡泡。轮到小黄吐泡泡时，爸爸说她要比我少吐 4 个泡泡，结果她吐错了。”小蓝说。

听到这里，小黄委屈地说：“我也不知道比你少吐 4 个泡泡是多少个泡泡啊。”

“小蓝，你那次吐了多少个泡泡？”伊伊问。

“13 个。”小蓝扬起头，自豪极了。要知道，在海底世界，很少有年轻小鱼能一次吐这么多魔法泡泡。

小黄喃（nán）喃自语：“小蓝吐了 13 个泡泡，我要比他少吐 4 个，应该是多少个呢？”

江美美捡起一块石头，递给兄妹俩说：“你们可以用圆圈代表泡泡，画一画就知道啦！”

比比动物的身高

如果要问世界上哪种动物的身高最高，你首先想到的是谁呢？大象？北极熊？正确答案是长颈鹿。

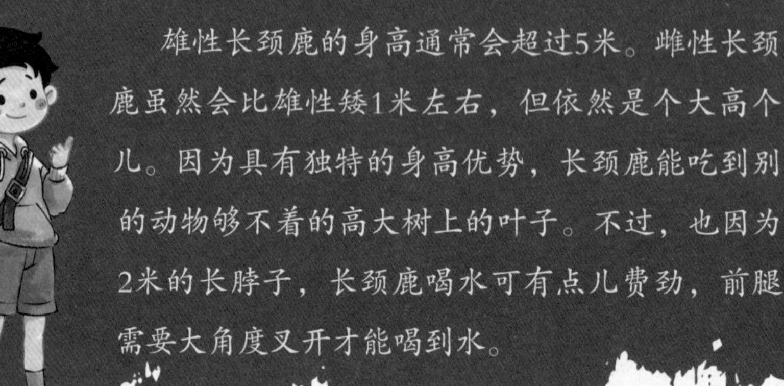

雄性长颈鹿的身高通常会超过5米。雌性长颈鹿虽然会比雄性矮1米左右，但依然是个大高个儿。因为具有独特的身高优势，长颈鹿能吃到别的动物够不着的高大树上的叶子。不过，也因为2米的长脖子，长颈鹿喝水可有点儿费劲，前腿需要大角度叉开才能喝到水。

逗逗想起刚才小蓝和小黄把泡泡排成一排的方法："排一排，画一画，就可以找到解决问题的办法。你们刚才不是尝试过了吗？"

小蓝和小黄在空地上画了起来。

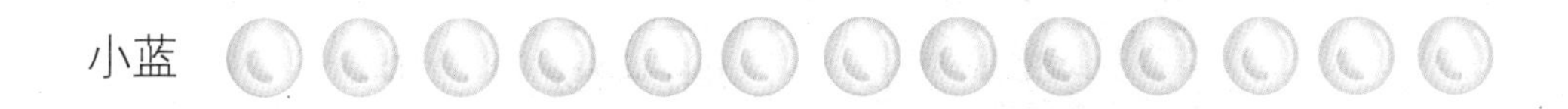

"要比哥哥少吐 4 个泡泡，**就是把 13 个蓝泡泡去掉 4 个**，可以列算式：13-4=9（个），原来我要吐 9 个泡泡。"

小蓝想验证一下妹妹要吐的泡泡到底是不是 9 个。他将画出来的 13 个圆圈画去 4 个，再一数，答案果然是 9 个。

小蓝和小黄回答出了这个问题，江美美还想考考他们，于是继续问小黄："如果小蓝吐 13 个泡泡，你比小蓝多吐 2 个，那你要吐多少个泡泡呢？"

小黄说："我比哥哥多吐 2 个泡泡，**就是比 13 个蓝泡泡再多 2 个**，可以列算式：13+2=15（个），我要吐 15 个泡泡。"

小黄说的时候，小蓝根据妹妹的解答**画了画、数了数**，的确是 15 个。

小蓝和小黄学会了比较两个数的大小，就能配合默契，成为合格的海底入口守卫者了。逗逗在一旁观看，也学到了新知识：要知道一个数比另一个数多几，就**用加法**求出这个数是多少；要知道一个数比另一个数少几就**用减法**算出这个数。如果口算能力不够，不能很快算出来，还可以动手画一画、排一排，很快就能解决问题。

逗逗把自己整理的结构图又加上了一些内容，他满意极了，打了

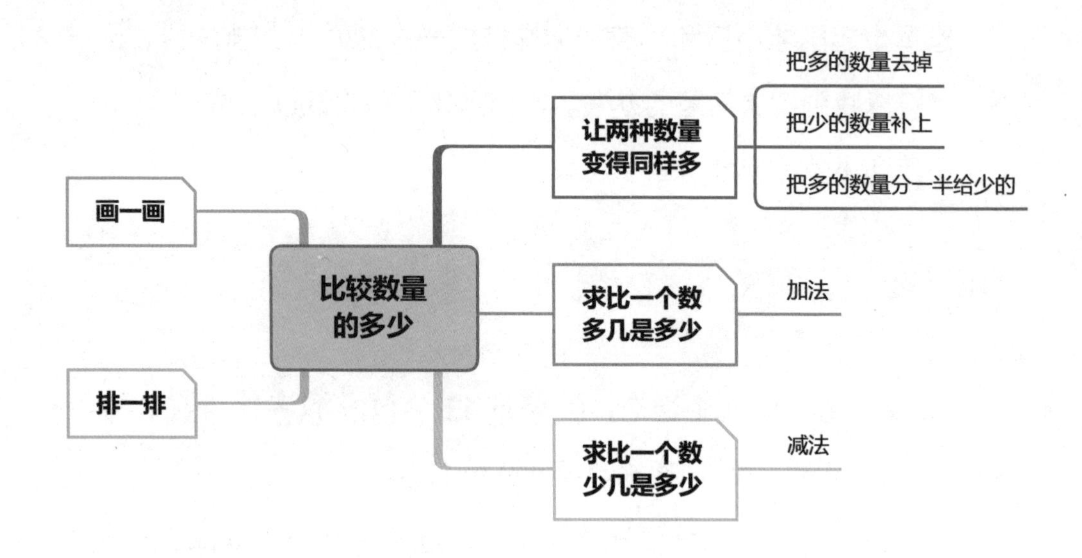
画一画
排一排
比较数量的多少
让两种数量变得同样多
把多的数量去掉
把少的数量补上
把多的数量分一半给少的
求比一个数多几是多少
加法
求比一个数少几是多少
减法

一个响指奖励自己。

“啪”，只见逗逗忽然出现在魔法屏障的外面，又突然出现在小伙伴们的身边。“看，我的瞬(shùn)移魔法恢复啦！太棒啦！”逗逗高兴得游来游去。小伙伴们纷纷祝贺他。

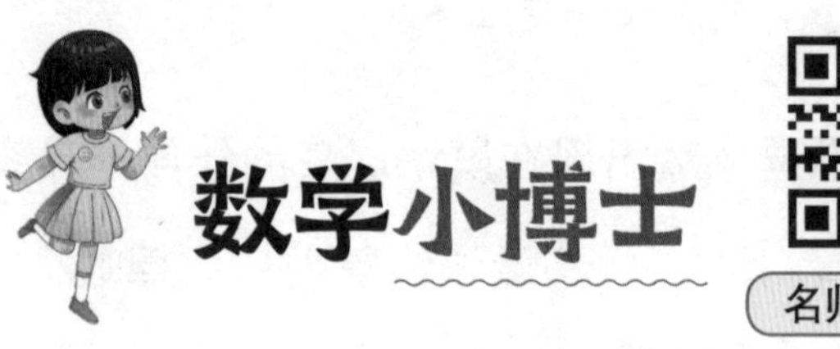

数学小博士

海星爷爷的孩子们周游世界后回来看望他，可是却被挡在魔法屏障的外面不能进来。

海底世界入口的守卫者小蓝和小黄，一开始不知道如何让屏障内外保持相同数量的泡泡而打开大门。幸好有“海底智囊团”的帮助，让他们知道想要让两个数量保持一样多，可以把多的数量去掉，把少的数量补上，或者把多出来的数量分一半给少的。

小朋友们可以回顾一下逗逗总结的思维导图，这样遇到不同情况时就能知道怎么快速比较两个数的大小。

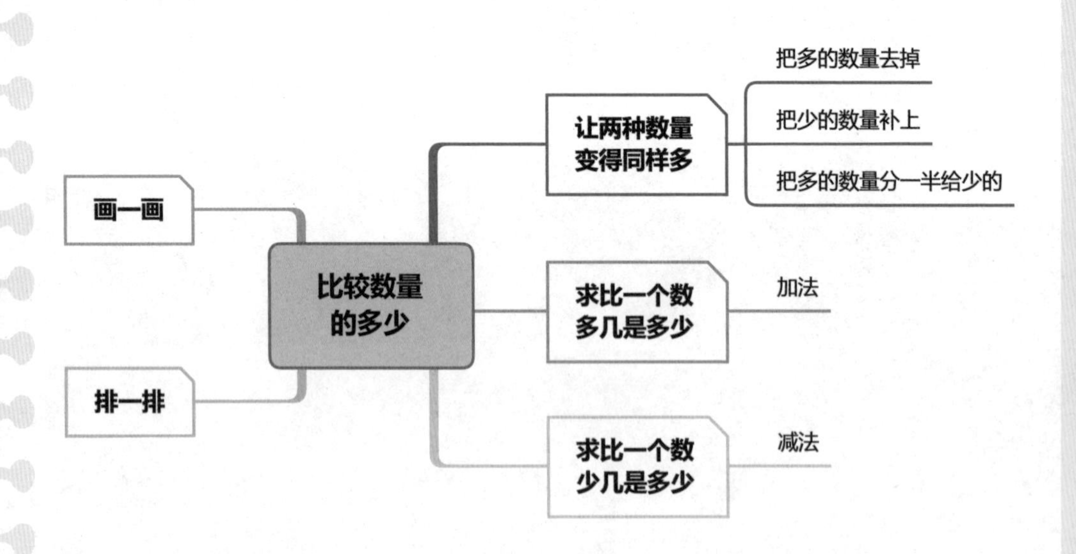

小海星们在入口处待得太久，早就饿了，拿起点心就往嘴巴里塞，边吃边夸赞点心好吃。看着孩子们吃得这么开心，海星爷爷乐开了花。

“不知小蓝、小黄和江美美他们吃早餐了没。小蓝和小黄为我们消耗了很多魔法精力，现在肯定也饿了。要不我们把点心分一些给他们吧？”海星妹妹提出的建议得到了大家的赞同。

海星爷爷很高兴看到孩子们能够替别人着想，他开心地拿出盒子，装了一些不同口味的点心，派海星弟弟给江美美他们送去。

海星弟弟正开心地吃着点心，就被大家推出了门，所以一路上，他的脑海里全是美味的点心，特别是芝麻海苔味的，有着大海独特的清香。

盒子里点心的味道不断地飘来，海星弟弟实在忍不住了，他打开盒子，拿起一块点心便咬了下去。

“已经吃了一块，不如再吃一块吧。”就这样一块又一块，等海星弟弟走到伊伊的住处时，不知不觉已经吃了 4 块点心。

海星弟弟把盒子递给江美美，难为情地说：“爷爷叫我给你们送些点心，可是路上我没忍住，吃了 4 块。两层的点心原来同样多，下面一层有 8 块，上面一层比下面少了 4 块，现在一共有多少块我也不知道了。你们要是不够吃的话，我再回家拿些。”

江美美接过点心，笑眯眯地说：“谢谢你，海星弟弟，12 块点心已经够我们吃了。”海星弟弟钦佩地看着江美美：“你怎么知道点心的数量是 12 块？”

小朋友，你知道江美美是怎么算的吗？

温馨小提示

计算点心一共有多少块，有两种办法。

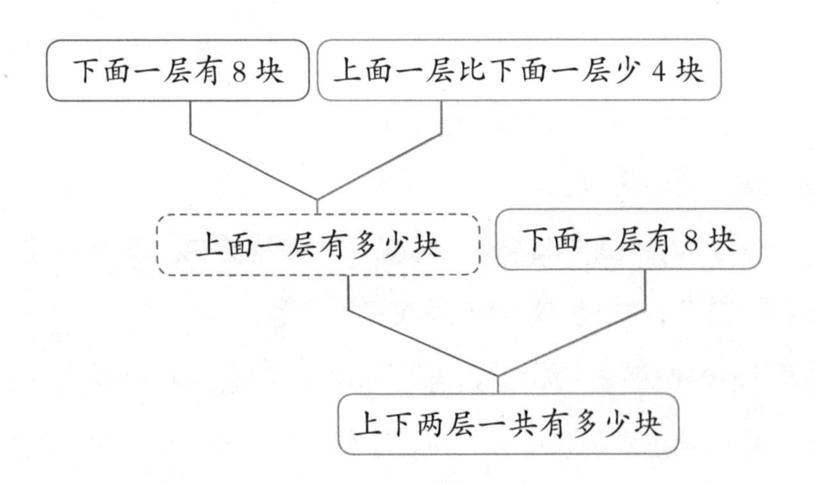

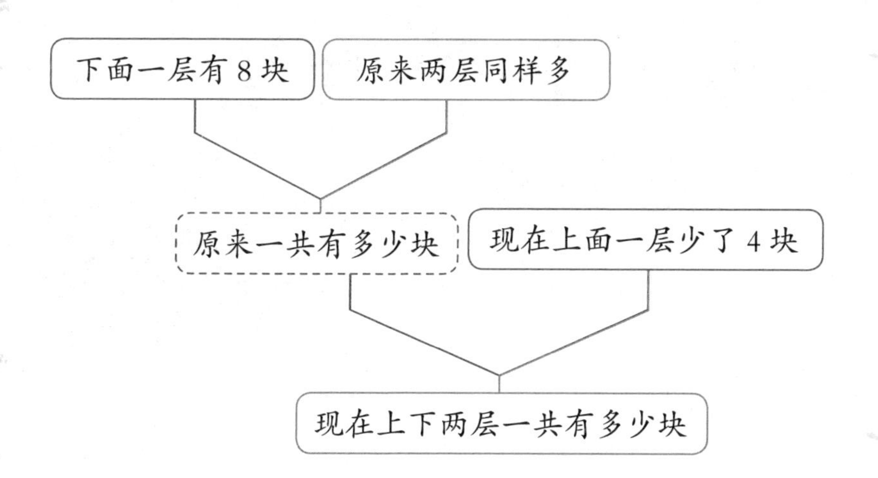

按照第 1 个图的思路可以列出算式：8-4+8=12（块）。按照第 2 个图的思路可以列出算式：8+8-4=12（块）。

同样的问题有时候可以有不同的解答方法。小朋友，你知道怎么算了吗？

第三章

03

逗逗的瞬移魔法

——认识多边形

逗逗的瞬移魔法在学习新知识时恢复了，这可是个特别厉害的魔法，即使遇到凶猛的鲨(shā)鱼都能脱险。他曾经靠着这个魔法在海底世界各处探险，让小动物们很是羡慕。

江美美只在动画片中看到过海底探险，来到海底世界之后她也不敢到大海深处去，所以十分羡慕逗逗可以到大海各处探险。

“逗逗，快给我们讲讲你海底探险的经历吧。”江美美对逗逗的探险故事特别感兴趣。

“好啊！”看着江美美渴望的眼神，逗逗开始讲述自己的探险经历。

“我的瞬移魔法可厉害了，只要打个响指，就可以瞬移到 100 米之外。如果要去更远的地方，只要按瞬移按钮，一会儿就能到达目的地。我去过寒冷刺骨的冰山，那里的海面上不时有冰块往下落，很危险，但是很美。我还去过深度 200 米以上的远海，那里什么生物都没有，不过一个人也很有意思。”

“一个人去那么远，你不害怕吗？”伊伊实在想象不出一个人待在那种冷冰的地方是什么感觉。

“一个人也是一种旅行。”逗逗继续说，“外面的世界很大，虽然会有危险，但能遇到许多有趣的事情。可惜好玩的多、好吃的多，景色还漂亮的地方太少见啦。在我去过的地方中，也就只有两个地方符合这些条件。”

“你不做旅行攻略吗？”江美美每次和爸爸妈妈出去旅行，都是先选好目的地，做好充分的准备再出发。

“我每次出发时都是随意选择一个瞬移按钮，我并不知道这些按钮对应的地方是哪里，所以出发前我也不知道自己会去什么地方。”逗逗一边说一边示范给伊伊和江美美看。按钮一按，他就消失了。

“逗逗——逗逗——你在哪里？快回来。”伊伊到处喊着。

逗逗好像听到了他的声音似的，很快就出现在他们眼前：“我刚去了冰山。”逗逗的出现和他的消失一样，让人猝（cù）不及防。

“不可能，你离开才几分钟，怎么可能去了一趟冰山？”伊伊说。

“我就知道你不相信，给，你看看这个冰块总该信了吧？”伊伊和江美美伸手去摸，真是一块冰。

江美美看到逗逗来去自如，羡慕地问：“我可以看看你的瞬移按钮是什么样的吗？”

“当然可以。”逗逗念了一个咒（zhòu）语，他们面前立即出现了许多**不一样的图案**。

逗逗说：“这些就是瞬移按钮，除了第一个图形按钮对应的地方是固定的，是我们的海底世界，其余的图形按钮对应的地方都不一样。”

江美美仔细看了看这些图案，觉得很奇怪，转头问逗逗：“海底世界的按钮是固定的，那其他按钮有什么特点呢？不同的地方和这些按钮的图形是不是有某种关系呢？”

“这个我没想过，不过每个去过的地方对应的按钮，我都用魔法记录下来了。”逗逗说完，就展示给江美美和伊伊看。

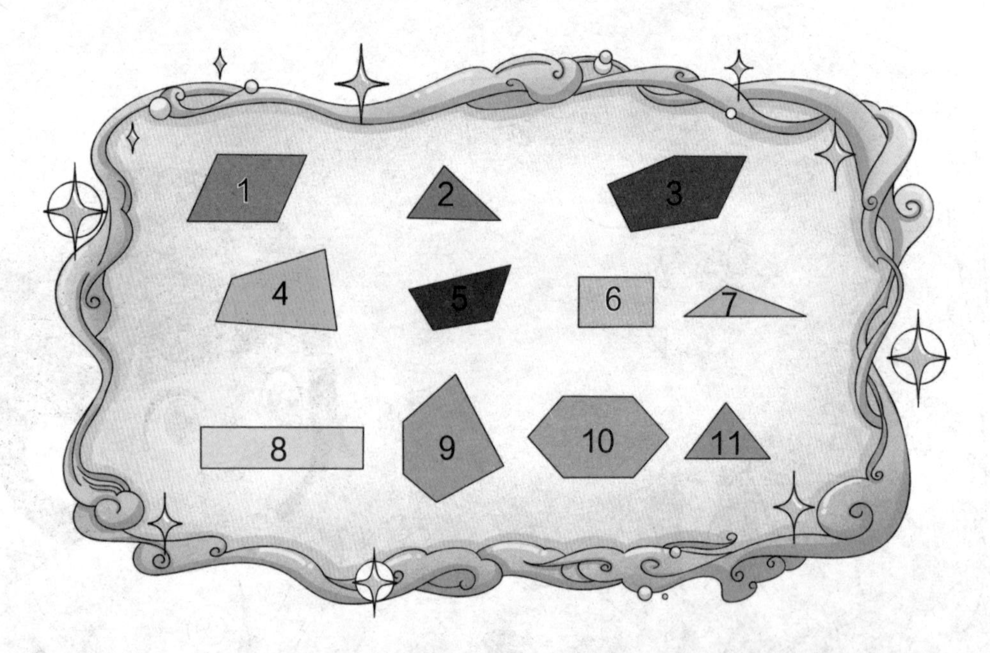

“2，7，11 这三个地方最危险，黑漆漆的，一丝光都没有，我在那里没待几分钟就遇到了危险，靠着瞬移魔法逃了出来。4，5，6，8 这几个地方还好，有沉船，有一些小鱼在那里生活，虽然没什么危险，可环境太糟(zāo)糕(gāo)了，不好玩。最好玩的是 3，9，10 这几个地方，有五颜六色的珊瑚，有各种有趣的小鱼，还有缓慢爬行的贝类，我在这几个地方待了好多天呢。”

伊伊好像发现了新大陆一般，兴奋地对逗逗说：“逗逗你看，好像边数越多的图形对应的地方越好玩！”江美美也发现了，但是看着在一旁思考的逗逗，她想帮助他。江美美将几个按钮的图形画了下来，按它们的形状一个个剪好，再把这些图形按照危险、一般、有趣三种类型分类。

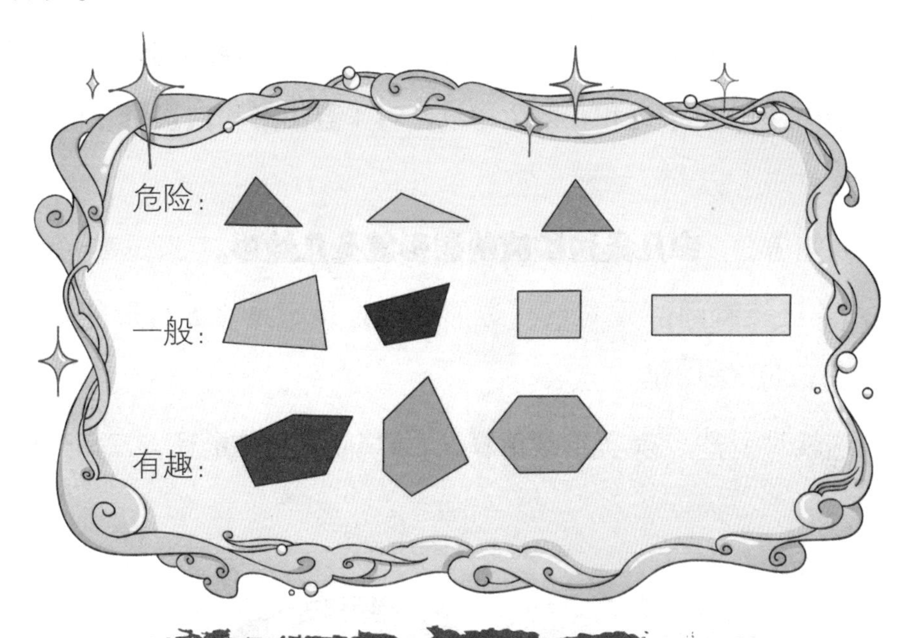

神奇的正多边形

有一种多边形特别神奇，它的各边相等，各角也相等，叫作正多边形。小朋友，我们一起来找一找吧。

大自然中，蜂巢里的蜂房、蜻蜓和苍蝇的眼睛、乌龟的背甲几乎都是正六边形。生活中，足球是由正六边形和正五边形组成的。我们使用的铅笔，横截面大多是正六边形或正三角形的。我们身边还有许多的正多边形，你找到了吗？

“这能说明什么呢？”逗逗还是一脸茫然。

“你数一数每类**图形分别有几条边**。”江美美提醒逗逗说。

“危险类型的图形都有 3 条边，是三角形；一般类型的图形都有 4 条边；有趣类型的图形前两个有 5 条边，最后一个有 6 条边。”逗逗虽然不明白有什么规律，但还是认真地数了起来。

“一般类型里的图形，由 4 条边围成的图形叫作**四边形**。有趣类型里的图形分别由 5 条边和 6 条边围成，叫作**五边形**和**六边形**。”江美美解释道。

“我知道啦，**由几条边围成的图形就是几边形**。”逗逗高兴地说。

江美美接着问：“逗逗，六边形的地方是不是比五边形的地方好玩？”逗逗想了想，点了点头。

“这就对了。”江美美继续解释，“如果我没猜错的话，三角形按钮

的地方海洋资源（zī yuán）最少；四边形按钮的地方，虽然有生命体存在，但物种并不多。边数越多的图形按钮对应的地方物种就越多，资源也越丰富，对于你这个喜欢玩的小海马来说当然就最有意思啦！”

“这么说，今后我只要按边数多的按钮就可以去好玩的地方啦？”逗逗问。

“按照规律来说是这样的。”江美美回答。

这可真是个伟大的发现啊！他抱着伊伊跳起来：“伊伊，我以后的探险会越来越精彩！”

伊伊似乎还沉浸在图形里无法自拔（bá）：“代表海底世界的这个图案有什么特别的名称吗？”

江美美点点头，又画了几个看上去和这个图案差不多的图形，然后说：“代表海底世界的图案特别整齐，只有四条边，像这样的四边形叫**平行四边形**。”

逗逗没想到图形里还有这么多知识，他又认真看了看图形，想把相关的知识记住，想着想着，他的身体就变透明了。这下他更开心了，因为他的隐形魔法也恢复啦！

数学小博士

海马逗逗讲述了他的旅行经历，要去比较远的地方时就要用到瞬移魔法中的瞬移按钮。在伊伊和江美美的帮助下，逗逗知道了按钮的秘密，以后他的旅行就会更精彩啦。

除此之外，他还学到了代表海底世界的按钮是四边形中的一种，叫平行四边形。小朋友们一起来看看逗逗整理的结构图吧！

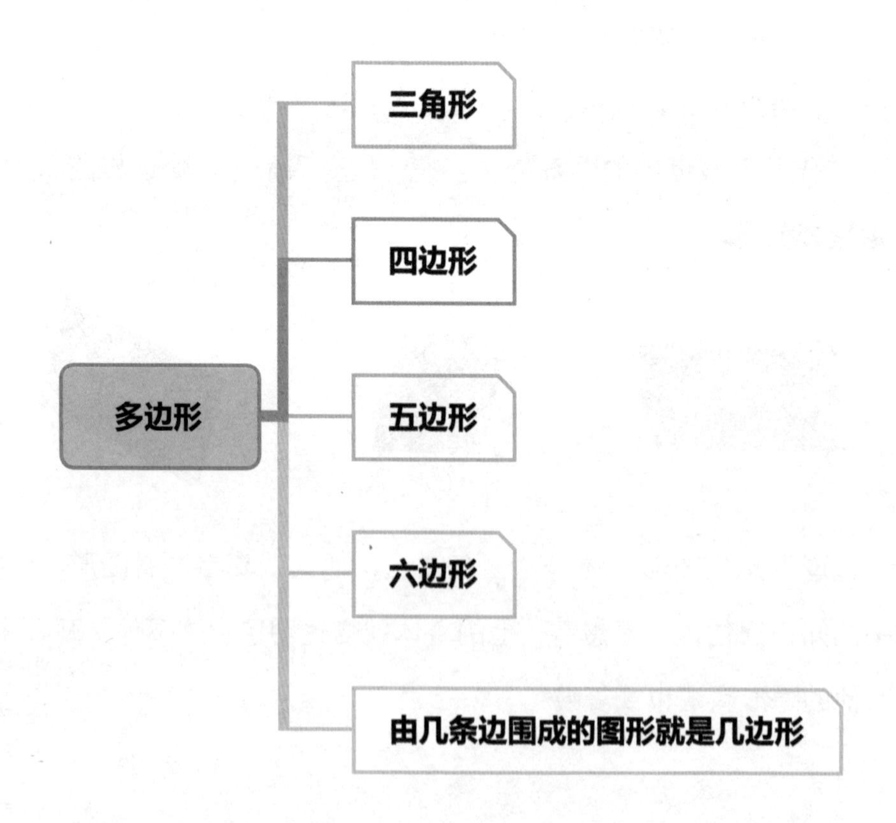

江美美的出现让逗逗和伊伊的生活越来越精彩了。比如逗逗因为学习了新知识，学会了努力思考，魔法也在逐渐恢复中。看，他轻轻一吹，就把珊瑚屋里的海草整理干净了。他手指动了动，珊瑚屋就变得更明亮了，吸引了旁边的寄居蟹来做客。

伊伊也是个好学的孩子，他想把刚学的图形都摆放在家里，这样经常复习就不会忘了。于是他提议："我们把珊瑚屋装饰一下吧。"几个小伙伴都觉得这是个好主意，于是一起开始装饰家里。

他们完成装饰后，客厅的墙面上出现了各种形状的相框，有三角形的、四边形的、五边形的、六边形的。

看着相框，江美美站立不动。

"江美美，你怎么了？"伊伊担心地问。

"你们看，平行四边形、五边形、六边形都可以分成几个三角形。”

“在哪儿呢？我怎么没看出来？”逗逗使劲看着相框，脸都快贴上去了，还是没有找到江美美说的三角形。

聪明的小朋友，你找到了吗？

温馨小提示

小朋友们，不同的形状能分出来的三角形数量也不一样，像下面这样连一连，就可以把平行四边形、五边形和六边形分成几个三角形了。

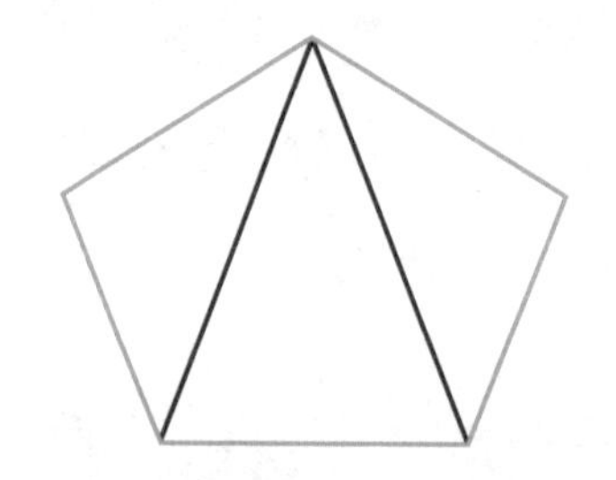

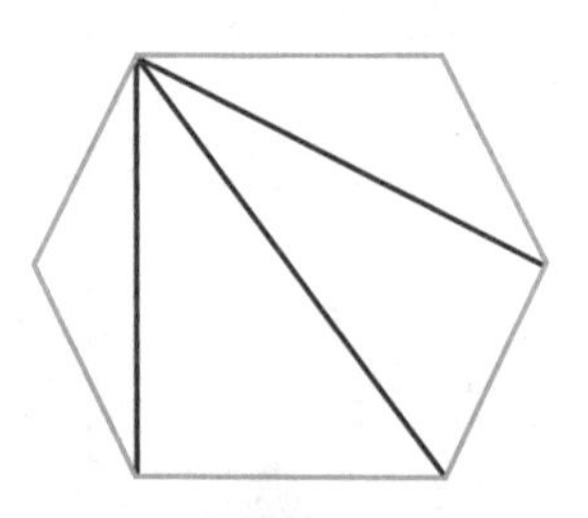

除了上面这种分法，还有其他的分法吗？小朋友们，赶快比一比谁的办法多吧！

第四章

04

海底游乐园

——1~4 的乘法

来到海底世界已经有一个星期了，江美美和伊伊大部分时间都待在珊瑚屋里照顾海马逗逗，有时候外出帮助小动物们解决难题。

逗逗的魔法已经恢复了一大半。“天天待在家里，好闷啊，我们去游乐园玩吧！”逗逗可是环游过海底世界的海马，他有着一颗向往自由的心。

“万一你突然发烧怎么办？”伊伊担心地说。

逗逗微笑着，轻轻一点，海水在他的周围转了起来，带起一阵凉爽（shuǎng）的风：“看，我有随身带的海风扇。”

江美美也想去游乐园，她忙说：“适当的运动有利于身体康复。”

“嗯——好吧。”伊伊终于同意了。

海底游乐园和陆地游乐园一样吗？在去的路上，江美美一直在猜想。

当摩天轮、过山车、4D 影院等一一出现在江美美眼前时，她拉起逗逗就要往前冲。

“不，不，逗逗不可以。”伊伊像个木桩（zhuāng）一样，牢牢地拖住了逗逗。

江美美用不解的眼神看着伊伊，伊伊指了指逗逗的胸口，原来他是担心逗逗的身体。

逗逗和江美美只好去坐旋转木马。木马在旋转中升降，逗逗和江美美在升降中像捉迷藏一样时隐时现，好玩极了。看着坐在旋转木马上的逗逗开心的样子，伊伊之前悬着的心终于放了下来。

“快看，碰碰车！”江美美看到不远处开碰碰车的小动物们笑得可开心了，她心里痒（yǎng）痒的，喊大家一起去玩。

三个小伙伴来到碰碰车游乐场里，已经有 12 只小动物在前面排队了。

“2+2+2……伊伊，你挡住我了。”逗逗正在数着什么，把挡住他视线的伊伊拉了拉。

“逗逗，你在数什么啊？”伊伊不解地问。

“我在算我们能不能坐上下一趟的碰碰车。每辆碰碰车有 2 个座位，一个 2，两个 2，三个 2……”逗逗把江美美的双手借过来数。

“下一趟就能轮到我们了吧？”伊伊问。

“嗯，我再数数。2+2 等于 4，4+2 等于……”

“逗逗，这样算太麻烦啦，可以**用乘法来算**。”江美美忍不住说道。

“乘法是什么？”伊伊和逗逗还是第一次听说。

“**在算几个相同的数相加时，用乘法计算就很简便**。”为了更好地帮助逗逗和伊伊理解并运用乘法，江美美拿出背包里的笔和本，写给他们看。

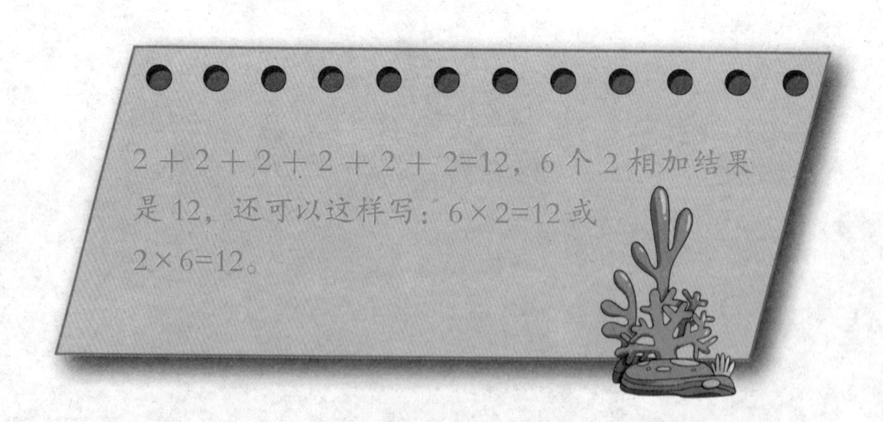
2 + 2 + 2 + 2 + 2 + 2=12，6 个 2 相加结果是 12，还可以这样写：6×2=12 或 2×6=12。

逗逗看了江美美写的乘法算式，整个身体都变成了一个大大的问号：“6，2，12 这三个数我都认识，中间这个‘×’是什么啊？是不是说我刚才数的是错的，所以给我打了个‘×’？”

“不是不是！‘×’是乘号，6个2一个个相加太麻烦了，用乘法计算更简便。还有，虽然这些数你都认识，但是在乘法里，它们的名称却不一样。”江美美连忙解释说。

“那么它们叫什么呢？”伊伊也十分好奇。

“一个乘法算式中，6×2=12，等号前的数字6和2叫作乘数，等号后的结果12叫作积。”江美美把自己所学的讲了一遍。

伊伊有点儿明白了，按照加法的方法算，2+2+2+2+2+2，要算好几次才能算出结果来。在几个相加的数字都相同的情况下，就可以用乘法，比如6个2，就可以用6×2或者2×6来表示。

“没想到数学可以让很多问题变得更简单，数学真好玩啊！”伊伊忍不住拍起手来。

儿歌里的乘法

小朋友，你有没有听过这样一首儿歌？

一只蛤蟆一张嘴，两只眼睛，四条腿，扑通一声，跳下水。

两只蛤蟆两张嘴，四只眼睛，八条腿，扑通，扑通，跳下水。

那三只蛤蟆、四只蛤蟆呢？小朋友，赶紧用乘法口诀算一算吧。三只蛤蟆乘3，四只蛤蟆乘4。有了乘法口诀，再多的蛤蟆也能数得过来啦！

逗逗也明白了，他想马上就试试，于是指着不远处的摩天轮，问江美美："摩天轮每个车厢(xiāng)有4个座位，6个车厢一共有多少个座位，不需要4+4+4+4+4+4，写成6×4就可以了。"

"这个例子选的真合适，逗逗学得很快呀！"江美美向逗逗竖起了大拇指。

学习到新知识又得到表扬的逗逗可开心啦，他迫不及待地想再找几个问题试试。江美美的表扬，可比糖果还甜蜜呢。

不一会儿，逗逗垂头丧(sàng)气地回来了。他说："江美美，我觉得乘法也没那么好用。"

"发生了什么事情吗？"奇怪，刚才逗逗不是还很开心地学习乘法吗？

逗逗嘟(dū)着嘴："你说说，4×3到底是多少？虽然列算式的时候简单了一点儿，算的时候不还是要用加法来算吗？3+3+3+3才能知道答案是12。"

"对呀，列式简单没用呀，计算也没简单。"伊伊也这么觉得。

"对不起！对不起！"江美美一拍脑袋，急忙道歉说，"我忘了告诉你们，用乘法计算，还需要背乘法口诀。"

"乘法还有口诀？这个口诀是不是像魔法里的口诀一样，是一句特别好玩的话？江美美你快告诉我们呀。"逗逗和伊伊都等不及了。

江美美赶紧说："乘法口诀比较多，今天我先告诉你们1~4的乘法口诀吧。"

"好呀，等我们学会了，就是海底最聪明的生物啦！"逗逗和伊伊拍着手说。

江美美一口气把 1~4 的乘法口诀背了一遍。

“天啊！这简直是绕口令啊。不行，这太难记了。”伊伊和逗逗一个也没记住，快要听晕了，“你那个什么得什么是什么意思啊？”

江美美想了想，还是决定用刚才碰碰车的算式给他们举例子：“一辆碰碰车坐 2 人，就是 1 个 2，写成乘法 1×2=2。**这个乘法算式就可以编个乘法口诀——一二得二**。”

“乘号到哪里去了？”逗逗问。

“乘号是在纸上计算的时候写出来的，乘法口诀是帮助我们计算的，所以乘号就可以省略。比如，1×2 就可以简化成一二，得就是等于的意思，最后的二就是积，合起来就是一二得二。”江美美详细地讲。

“其实 1×2 也可以写成 2×1 的，口诀是不是也可以说成二一得二？”伊伊现在就是个好奇宝宝，一有什么不明白的地方马上就问。

江美美说：“**乘法口诀里都把小的乘数放在前面，大的乘数放在后面**，一二得二表示 1×2=2 和 2×1=2 这两个乘法算式。你想，是这样方便，还是分开编两个口诀方便？”

“当然是一个口诀方便啦！”逗逗明白了，“那 2 辆碰碰车坐 4 人，就是2个2相加，写成乘法算式是2×2=4，口诀就是二二得四。"

江美美听了逗逗的解释，对逗逗竖起了大拇指："逗逗你真聪明，2的乘法口诀就这两句——一二得二，二二得四。"

学会了2的乘法口诀，关于3的乘法口诀逗逗也很快就想明白了：1个3是3，写成乘法算式是1×3=3，口诀是**一三得三**；2个3相加是6，写成乘法算式是2×3=6，口诀是**二三得六**；3个3相加是9，写成乘法算式是3×3=9，口诀是**三三得九**。

伊伊看着逗逗滔滔不绝说话的样子，觉得他好厉害，也更加认真地学习起来。

“1 个 4 是 4，写成乘法算式是 1×4=4，口诀是一四得四；2 个 4 相加是 8，写成乘法算式是 2×4=8，口诀是二四得八；3 个 4 相加是 12，写成乘法算式是 3×4=12，口诀是三四得十二。”

“不对，不对！”江美美连连摇头，“逗逗，乘法口诀里积超过 10，就不加‘得’这个字了。”

“为什么呀？”

“这样口诀更工整，更容易记忆。”

“省略？那就是三四十二。对吗？”

“ 对！”江美美非常肯定地点了点头。

“那么 4 个 4 相加是 16，写成乘法算式是 4×4=16，积超过 10，

也要省略‘得’字，所以口诀是四四十六。”逗逗继续理解乘法口诀。

伊伊和逗逗一边等碰碰车一边学习乘法口诀。真不愧是“海底智囊团”的成员，能利用一切机会学习。

很快，前面玩碰碰车的小动物下车了，轮到“海底智囊团”上场了。他们刚刚学习了新知识，现在开开心心地去玩啦！

“海底智囊团”来到了海底游乐园。在等着玩碰碰车排队时，伊伊和逗逗学会了怎么用乘法表示几个相同的数相加，知道了在乘法中，有两个乘数，得数是积，还背下了1~4的乘法口诀。

现在，小朋友们快来看看伊伊整理出来的结构图吧！

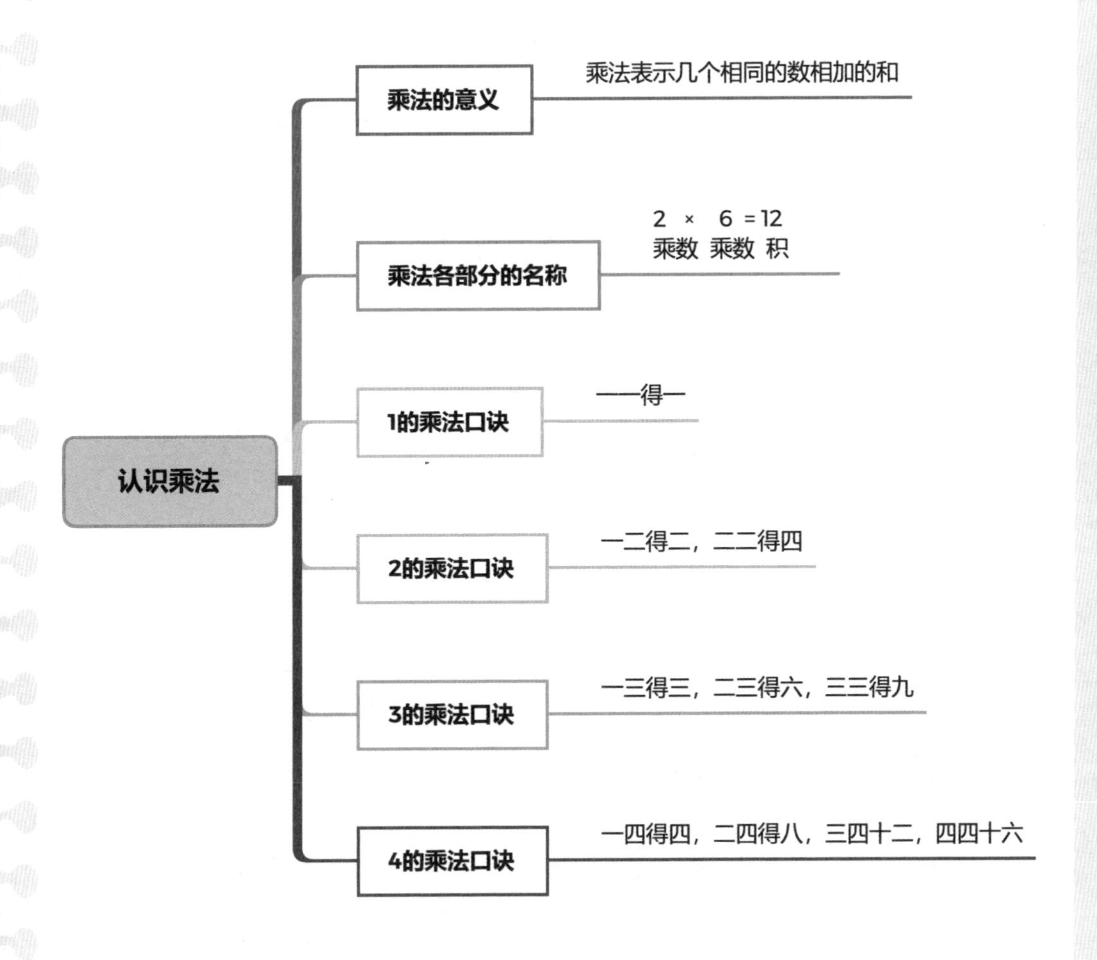

太阳渐渐西沉，海底也渐渐暗了下来，“海底智囊团”三个小伙伴恋恋不舍地离开了游乐园。

在回家的路上，他们遇到了一群结伴回家的燕鱼。伊伊刚想和他们打招呼，燕鱼琪琪就急冲冲地跑过来说：“伊伊，我和兄弟姐妹们一起出来玩，要回家的时候才发现少了一个，我怎么也找不到少了谁，怎么办啊？”

在一边的逗逗感到很奇怪，问道：“你们出来玩的时候一共有多少个小伙伴？”琪琪说：“12 个。”

逗逗数了数这群燕鱼的数量，说：“不是都在这里吗？一个也没少啊。”

琪琪看着一会儿游到前、一会儿游到后的兄弟姐妹们，不停地数：“1，2，3，4，5……哎呀，你们停一停，我又数不清啦！”燕鱼们太开心了，谁也没有听到琪琪的话。

“停！”逗逗手一指，燕鱼们像是被按了暂停键，全部静止不动了。原来逗逗使用了冻结魔法。

琪琪看到兄弟姐妹们停了下来，马上又仔细数了一遍：“没错啊，11 条。”逗逗乐呵呵地说：“三四十二，琪琪，你忘了数自己啦！”

小朋友，看了图，你明白逗逗是怎么列出这个乘法算式的吗?

温馨小提示

按照逗逗使用冻结魔法时燕鱼们的位置，游在前面的两组燕鱼，每组有4条。游在后面的燕鱼虽然只有3条，加上琪琪，也可以凑成1个4，一共有3个4，可以用乘法口诀“三四十二”，所以逗逗很快就算出来一共有12条燕鱼啦!

第五章

团体舞蹈赛

——5~6的乘法、乘加乘减

“海底世界的小动物们，大家注意啦！大家注意啦！”海底世界的寂静被一阵声音打破了。

“咦，这是谁在说话？”正和伊伊下棋的江美美看了看周围，今天珊瑚屋没有访客，声音是从哪里来的呢？

“传声魔法是海星家族发出来的。他们行动缓慢，却可以用传声魔法把消息很快传递出去。”伊伊回答。

“这像我们学校的广播呀！”江美美说。

“如果海底世界有重要的事，传声魔法就会发出通知。上次用传声魔法还是因为海底火山有爆发迹象，这次……难道……”伊伊手中的棋举在半空迟迟没有落下来。

这时，海星的声音再次传来：“告诉大家一个好消息，为了丰富大家的生活，海底世界要举办一次团体舞蹈大赛，获胜的团队将赢得旅行泡泡七日游的大奖！”

“耶，要举行跳舞比赛啰！”伊伊听到这里高兴地叫起来。江美美却在猜旅行泡泡是个什么东西。

“旅行泡泡可厉害了，它会保护旅行者不受凶猛海洋生物的攻击。”伊伊仿佛是江美美肚里的蛔虫，一下就看出了江美美在想什么。

海底小动物们纷纷组队，准备开始排练舞蹈。

就在伊伊想着要不要和逗逗、江美美组成舞蹈小组时，逗逗回来了，开心地说：“江美美，大家说你见多识广，想邀请你做评委，还送了我和伊伊两张第一排的票，我们俩可以挨着你一起看表演。”

“能在第一排欣赏大家的舞蹈表演，这简直太棒了！”江美美想也不想就答应了。

时间过得飞快，转眼间，团体舞蹈大赛的日子到了。“海底智囊团”早早地来到了海底大剧院，满怀期待地坐在自己的位置上。

所有观众入座后，比赛开始了。第一个上场的是海虾小组。他们

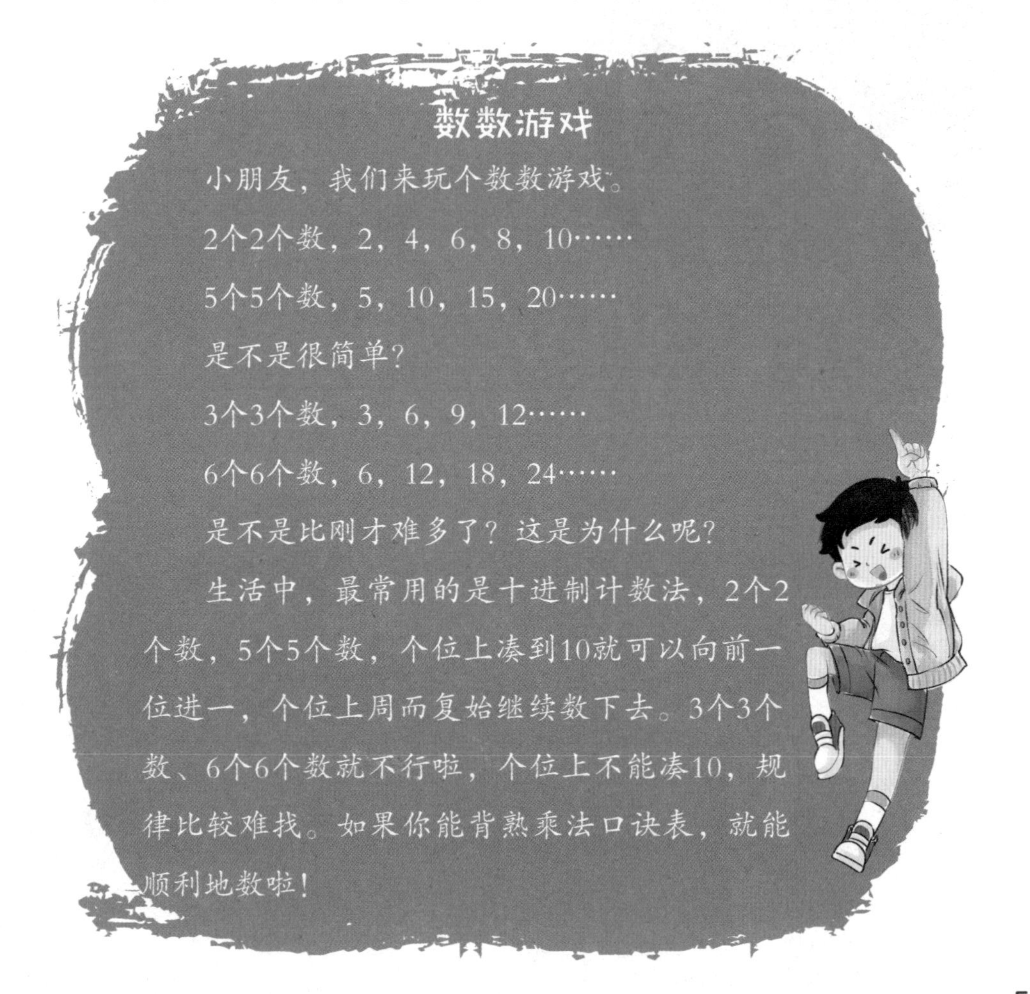

数数游戏

小朋友，我们来玩个数数游戏。

2个2个数，2，4，6，8，10……

5个5个数，5，10，15，20……

是不是很简单？

3个3个数，3，6，9，12……

6个6个数，6，12，18，24……

是不是比刚才难多了？这是为什么呢？

生活中，最常用的是十进制计数法，2个2个数，5个5个数，个位上凑到10就可以向前一位进一，个位上周而复始继续数下去。3个3个数、6个6个数就不行啦，个位上不能凑10，规律比较难找。如果你能背熟乘法口诀表，就能顺利地数啦！

摇摆着尾巴，挥舞着大钳(qián)子，动作整齐划一，一蹦一跳的样子可爱极了。台下的观众一次次为他们的表演鼓掌欢呼。

第二个上场的是小蓝和小黄，他们俩表演的是泡泡舞。一上场，他们就努力吐泡泡，不一会儿就有几十个泡泡围绕在他们周围，他们在泡泡里穿来穿去，泡泡随着他们的动作变来变去。他们的精彩表演

团体舞大赛

获得了台下观众的阵阵掌声。

第三个出场的是贝壳家族。他们张开壳，轻轻扇动，一会儿旋(xuán)转，一会儿跳跃，表演同样精彩，表演结束时还摆了个花朵盛开的造型。

“**每排5个，排成5列**。太漂亮了！”伊伊忍不住赞叹。

“5，10，15，20，25，5个5个数，可以知道这支舞蹈队由25个贝壳组成。”逗逗现在看到什么，第一时间总是想到数学问题。

“**每个数都比前面的数大5，它们都是5的乘法口诀中的积**。1个5是5，2个5相加是10，3个5相加是15，4个5相加是20，5个5相加是25。这样排下来，你们是不是就能知道5的乘法口诀了呀？”江美美想让他们自己总结5的乘法口诀。

“我知道！根据乘法口诀的规律和刚才数出的结果可以得出：一五得五，二五一十，三五十五，四五二十，五五二十五。”伊伊抢先回答。

说完之后伊伊发现，**5的乘法口诀有个和之前口诀不一样的地方**：“以前的口诀都是四个字，五五二十五有五个字，要不要把五个字省略成四个字呢？”

听到伊伊的问题，江美美心里一惊，这个问题她之前没想过。难道口诀只能是四个字吗？她问伊伊：“你觉得‘五五二十五’这句里面，有哪个字可以省略呢？”

伊伊认真思考起来：“前面的两个五分别是两个乘数，省略一个就不知道乘数是多少了，所以不能省。后面的二十五把中间的‘十’省了就变成二五了，数学上不可以将25读作二五，所以‘十’也不能省。这么看一个字也不能省，还是‘五五二十五’比较好。”

听了伊伊详细的分析，江美美开心得不知道说什么好，只是用手捏(niē)了捏伊伊。这时，逗逗说：“我有了新发现，我发现积的个位上都是0或5。”看来，伊伊和逗逗都很喜欢观察和思考。

逗逗一口气背完了1~5的乘法口诀，顿时信心倍增，意犹未尽，想试试6的乘法口诀。伊伊却劝他别心急，上次1~4的口诀都背了一天，越往后口诀越多，越复杂。前面的要是不背熟，后面的很容易就会记错。

第四个上场的是水母队。他们穿着鲜艳的舞蹈服，**每6只排成一列**，整整齐齐地出场了。

“停。”逗逗使出了冻结魔法，水母们还没来得及全部上场，就被冻住了。原来逗逗来不及编口诀了，他需要时间去思考，一着急，就

把水母们先冻住了。

江美美说:“逗逗你别急,可以列个表格来帮助你思考。”

列 数	1	2	3	4	5	6
只 数	6	12	18	24	30	36

逗逗在纸上用表格一个一个写出了关于6的乘法口诀的乘数和积。有了这张表格,逗逗编起乘法口诀果然顺畅多了。

“逗逗,快把冻结魔法解除,影响舞蹈比赛啦!”伊伊忍不住提醒他。

逗逗赶紧解除了冻结魔法。还好,观众没发现,以为水母们出来得慢呢。大家继续看水母们的表演,除了逗逗。逗逗照着以前编口诀的方法,**编起了6的乘法口诀**:“一六得六,二六十二,三六十八,四六……四六……”4个6相加是多少?哎呀,加得太多了,记不清了,果然很复杂。

怎么办?找江美美?不行,她在认真看表演呢,不能打扰她。

逗逗**用加法来算结果**:“6+6=12,12+6=18,18+6=24。对!4个6相加是24,4×6=24,口诀是四六二十四。接下来的就是5个

6 相加，答案是 30，5×6=30，口诀就是五六三十。6 个 6 相加是 36，6×6=36，口诀是六六三十六。”

逗逗终于把 6 的乘法口诀都编出来了，担心记不住，暗自又背了两遍。他乐呵呵地对江美美说：“江美美，我已经会背 6 的乘法口诀了。”

“真的？背来听听。”

逗逗边算边背，慢吞吞地把六句口诀背下来了。

“真棒！那我再考考你，你能不按顺序背吗？”江美美问，“四六是多少？”

逗逗的脑袋一下子转不过来了，只能再慢慢算，又算了一分钟，才算出来结果。

“逗逗，如果前面的口诀你背得很熟了，那么算四六的时候，只要想着比三六多了一个六，三六十八，那四六就是二十四啦。”江美美说。

“对呀，我怎么没想到！这样就简单多了！”逗逗拍了一下头。

6 的乘法口诀已经这么难了，那 7 的口诀还不得难上天？逗逗决定先休息休息。但嘴巴说着休息，脑子却有点儿不听他的使唤。他现在看大剧院里的任何东西，都想用乘法算一算。例如剧院里**每排有 6 个座位，4 排一共有多少个座位**？

可有些东西，用乘法计算好像有点儿问题。比如舞台旁的海草，有的地方有 2 棵，有的是 3 棵，有的只有 1 棵，这可怎么用乘法算啊？

突然，他眼珠一转，有了。只见逗逗的手轻轻一挥，舞台旁的海草全都变成两棵两棵长在一起。这样看起来多好呀，逗逗得意极了。

“逗逗，魔法不是万能的，乘法也不是万能的。为了算题，对海草使用魔法，打乱了它们的位置，这样很不好。”江美美严厉地对逗逗说。

逗逗被批评了，红着脸向海草们道了歉，然后认真观看舞蹈比赛。

最后出场的队伍是海星队。海星姐姐在前面领队，海星弟弟妹妹们在后面排成 4 行，每行 3 只海星。

“哎呀，多好的一个方阵，就多了一个！”唉，逗逗还是没忍住，又把表演和数学联系了起来。

“可惜了，要是海星姐姐不参加表演，就可以用乘法计算整个舞蹈队有多少海星了。”逗逗这样说着，用眼睛偷偷地瞄（miáo）了瞄江美美。

“逗逗，不用魔法，**用乘法可以算出来**。”

“真的？”逗逗眼睛里立刻放出了光芒。

“把海星们分成两个部分：3 行海星为一部分，可以用乘法计算有

多少；海星姐姐为一部分。**把两部分的结果加起来**就可以啦！”江美美小声说道。

“对呀，我来算。列成算式是 3×4+1，**先算** 3×4=12，**再算** 12+1=13。所以**一共**有 13 只海星。”逗逗开心地说。

“我也来试试！也可以看成 4 个 4 少 3，列成算式是 4×4−3，先算 4×4=16，再算 16−3=13。算出来一共有 13 只海星。”伊伊眼睛里也闪着亮光。

“我们俩都成功了！”逗逗把手伸过去，和伊伊击了一下掌。

舞蹈比赛结束了，逗逗又学到了新的乘法口诀，他很开心。贝壳队最终获得了冠军，大家都为他们鼓掌。逗逗笑容满面，好像那些掌声是给他的一样。

海底世界举办了一次舞蹈大赛，冠军奖品是旅行泡泡七日游。

海底小动物们纷纷组队参加比赛。大家的队伍都很整齐，逗逗也因此学会了 5 和 6 的乘法口诀。因为海星队不一样的队形，逗逗还学会了先乘后加和先乘后减。

小朋友们，一起来看看逗逗整理的结构图吧！

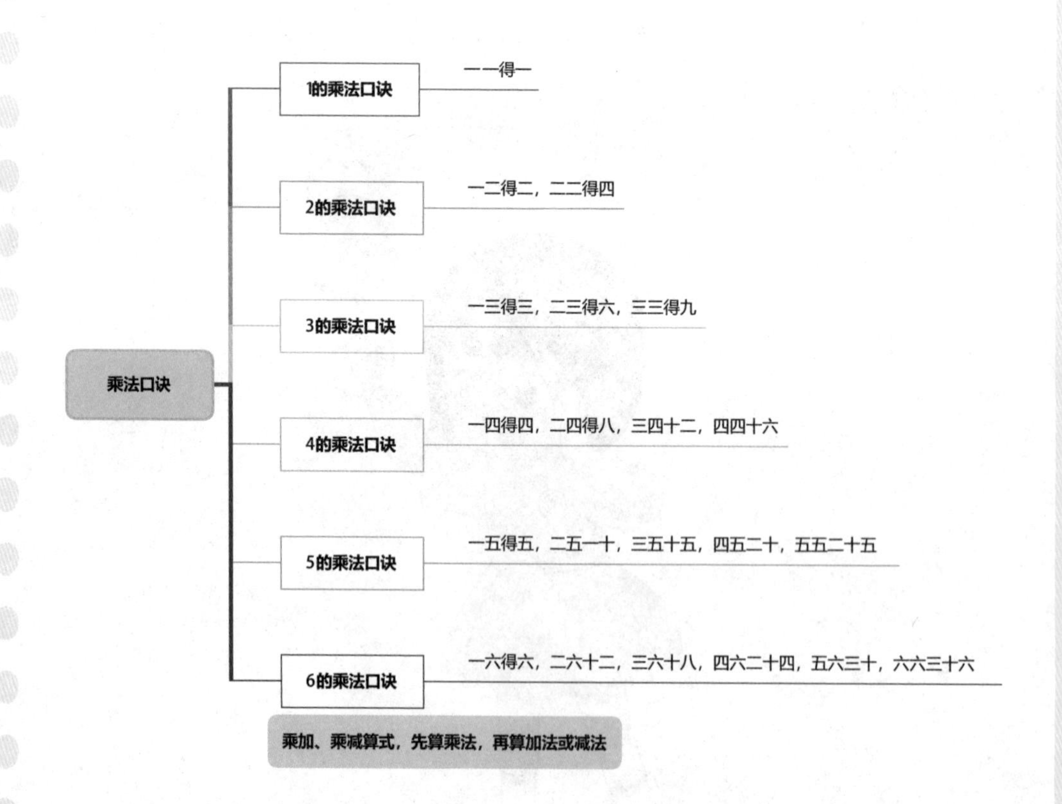

舞蹈大赛结束后，三个小伙伴回到家，逗逗和伊伊非要比比谁更厉害，比了半天也没有结果。早已过了吃晚饭的时间，江美美饿得前胸贴后背，可魔法厨房只能听懂海底生物的命令。

江美美看着棋盘，突然有了主意：“谁能最快解决棋盘上的数学问题，谁就最厉害。”

“什么数学问题？”伊伊和逗逗同时看着她问。

“在棋盘的四条边上摆棋子，每条边上摆 5 枚，最少可以摆多少枚棋子？”伊伊和逗逗异口同声说：“四五二十枚。”江美美却说：“是四四十六枚。你们都输了，赶紧吃晚饭吧！”

小朋友，你知道这是为什么吗？

温馨小提示

小朋友，看看下面的两种摆放方式，哪种方式既符合江美美的要求，用的棋子又最少呢？

答案是第二种。把四个棋子放在四边角落上，这样每条边就可以少摆一枚棋子。小朋友，你想到了吗？

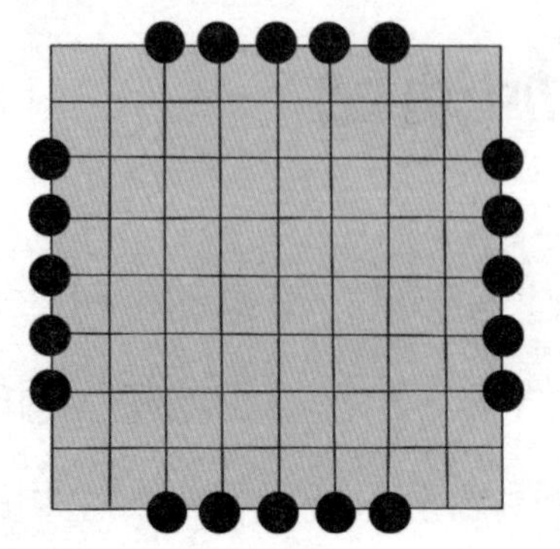

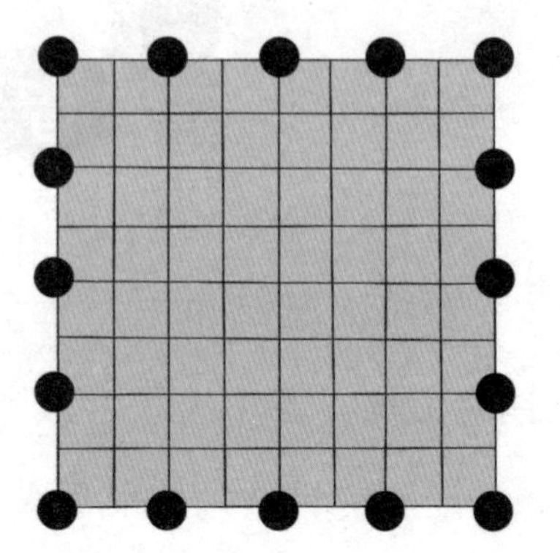

第六章

一起去露营

——1~6 的除法

这天是小蓝和小黄的休息日，他们和“海底智囊团”的小伙伴们约好要外出露营。

为了这次露营，江美美准备了游戏棋、零食、饮料、野餐毯(tǎn)等很多东西。

伊伊和逗逗兴奋得天不亮就起床了。一起床，他们就恨不得一迈脚就到了露营地。

“我们是巨人就好了，走一步就能到露营地。”江美美也很心急。

“江美美，我可以帮你实现巨人梦。”逗逗说。

“哈哈哈，开玩笑的。”江美美话音刚落，发现逗逗不见了。

逗逗施展了瞬移魔法，一眨眼就到了露营地，可他忘了给伊伊和江美美使用瞬移魔法。他想再回去，可是瞬移魔法消耗了他很多能量，补充能量的食物又在江美美的书包里，唉，只好在这里等他们了。

逗逗四处逛了逛，发现没有好朋友的陪伴，再美的风景都没意思。

正当他百无聊赖(lài)时，海蚌(bàng)姐妹过来了，她们和他打招呼：“逗逗，你怎么一个人在这里？”逗逗很不好意思地说出了原因。

海底世界的小动物们都知道逗逗是急脾气，上次火山爆发，他是第一个保护海底世界的，用光了全部魔法。

在海蚌姐妹心中，逗逗就是个英雄。她们拿出珍珠说："逗逗，感谢你奋不顾身地保护大家，这 6 颗珍珠送给你，它们能帮你恢复魔法能量。"

过了很久，江美美和伊伊才来到露营地，但他们谁也没靠近逗逗。

逗逗游到他们身边，碰碰他们的脑袋说："对不起，我太兴奋了，只想着快点露营，等我想起没给你们使用瞬移魔法的时候我已经到这里了，能量又消耗完了，我只能等着你们了。"伊伊不理他，他又拉拉江美美的衣袖，说："下次我再也不滥(làn)用魔法了，一定三思而后行。这 6 颗珍珠是海蚌姐姐送给我恢复魔法能量的，都送给你们，你们就原谅我吧。"

伊伊忍不住扑哧一声笑了出来："我们没有生气，故意逗你玩儿呢。"

“这 6 颗珍珠，你打算怎么分啊？”江美美也想逗逗他。

逗逗仔细想了想，说：“你们两个人都是我的好朋友，每人要分得同样多。”说完，就要把珍珠分给江美美和伊伊。

江美美三颗，伊伊三颗，两个人的珍珠同样多。

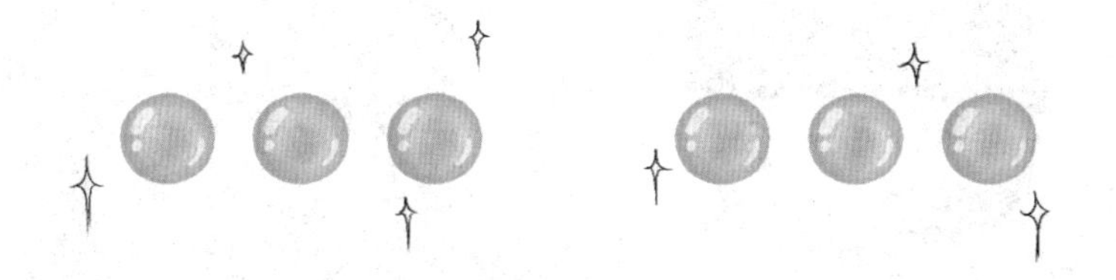

江美美连忙摆手：“我不要，珍珠能帮助你恢复魔法能量，你自己留着吧，我们只是在和你开玩笑。”

可逗逗还是想把珍珠分享给好朋友。逗逗说：“6 颗珍珠，每人分 3 颗，可以分给 2 个人。**每人分得同样多，是平均分**。”

伊伊说：“6 颗珍珠，平均分给 3 人，每人分 2 颗，也是平均分。”

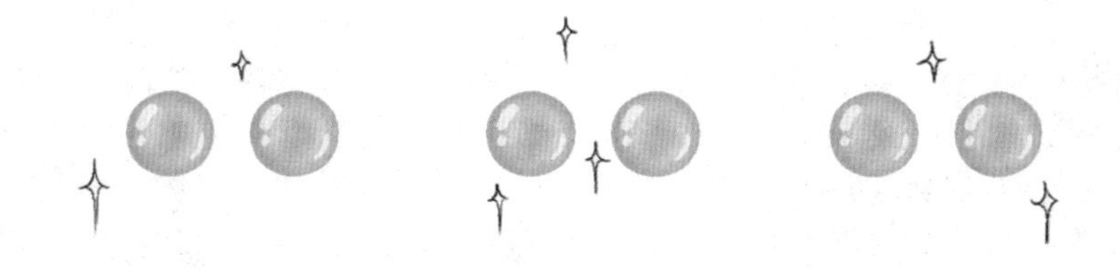

伊伊和逗逗都学会了平均分，而且能够灵活运用，江美美心里很

高兴。她和伊伊没有接受逗逗的珍珠，因为他们知道逗逗更需要这些珍珠。

三个小伙伴铺好野餐毯，拿出游戏棋，边下棋边等小蓝和小黄。

一盘棋结束，小蓝和小黄也到了。伊伊摆放好零食，野餐开始啦！

“这些五颜六色的是什么啊？”小蓝被排列得整整齐齐的点心吸引了，一直绕着它们游来游去。

江美美回答说：“这是从陆地上带来的糖果，可甜了。一共有 15 颗，我们一起分享。”

小伙伴们都很好奇，陆地上的糖果是什么味道？逗逗看着糖果和小伙伴们，他想的不是味道，而是一个数学问题：“15 颗糖果平均分，该怎么分呢？”

“我知道！15颗糖果平均分，每份3颗，分成5份。”伊伊回答道。

“对，把15颗糖果平均分成5份，每份3颗。”逗逗兴奋地说。

小伙伴们都遵守平均分的规则，一起分享带来的食物。

小蓝拿来10块海带味饼干，又拿出5个盘子从左往右排成一排，一个盘子放一块，逗逗伸手去拿自己盘子里的饼干，被伊伊拦住了。小蓝把剩下的饼干一块一块地放进每个盘子里。逗逗耐心地等小蓝把饼干全部分完，才拿起饼干吃起来。

每人两块饼干很快就吃完了。小黄拿出20块海藻味点心，小蓝帮忙一块一块地分。

“这样分太慢了。”逗逗再也忍不住地说。

小蓝也觉得这么分挺费劲的，那有什么好办法能又快又准确地平分呢？

“把20块点心平均分给5个人，每人分得多少块？可以用除法计算。”江美美说着写了一个除法算式：20÷5=4（块）。看大家一脸茫然，她继续解释道：“20÷5是除法算式，读作20除以5，‘÷’是除号。”

“逗逗，你知道在这个除法算式里，20，5，4分别叫作什么吗？提醒你一下，可以想想减法算式中几个数的名称。”江美美问逗逗。

“减法里的几个数分别被称为‘被减数’‘减数’‘差’。20÷5=4这个算式中，20应该是‘被除数’，5就是‘除数’，那4是什么呢？”逗逗思考着。

“4叫作商。”江美美说，“20÷5=4，20是被除数，5是除数，4是商。”

江美美转头看着小蓝和小黄，说:“就算有几十块、几百块饼干，只要知道饼干的数量和要分的人数，就可以知道结果，不用再一块一块分了。”

“这个方法确实简单，那商是通过什么办法算出来的呢?”小黄还是有些迷糊。

逗逗觉得这种方法太麻烦了，他思考了一会儿，想到了一个好办法: **算除法可以想乘法**，5×（ ）=10。二五一十，括号中应该是 2，那就可以算出来 10÷5=2。这和算减法想加法是一样的道理。

“虽然是除法计算，但计算时也可以用到相应的乘法口诀，这样速度就会快很多，逗逗你真聪明!”小蓝看到逗逗学得这么快，特别佩

除法的起源

除法是数学中的一种基本运算。在古代，人们需要解决各种实际问题，比如分配食物、计算土地面积等，很多问题需要用到除法运算。在中国，除法运算也有着悠久的历史。《九章算术》中就详细记载了除法运算的方法。人们运用除法运算来解决土地测量和粮食分配等实际问题。

随着数学知识的发展，现代数学中的除法运算已经不再局限于整数，还可以应用于其他不同类型的数。除法运算成了解决复杂数学问题的基础。

服，下决心要向“海底智囊团”学习。

有了除法的帮忙，小伙伴们很快就把自己带来的食物分好了。伊伊带了 30 颗葡萄，分给 5 人，每人分 6 颗，写成除法算式：30 ÷ 5=6（颗），用到的乘法口诀是“**五六三十**”；小黄带了 5 包肉干，平均分给 5 人，每人分 1 包，写成除法算式：5 ÷ 5=1（包），用到的乘法口诀是“**一五得五**”。

逗逗饱餐了一顿，又学到了除法知识，他的魔法能量一下子恢复了很多。大家高高兴兴地一起玩游戏、吃美食、看风景，直到天黑才依依不舍地回家。

小蓝和小黄以及“海底智囊团”的小伙伴们外出露营。

逗逗收到了海蚌姐姐送给自己的珍珠，因为想公平地分给小伙伴们而学会了“平均分”。小蓝和小黄也在分零食的时候学会了除法，知道了怎样能更快更准确地把东西平均分给每个人，小秘诀是计算时用上乘法口诀。

小朋友们，来看看逗逗整理的结构图吧！

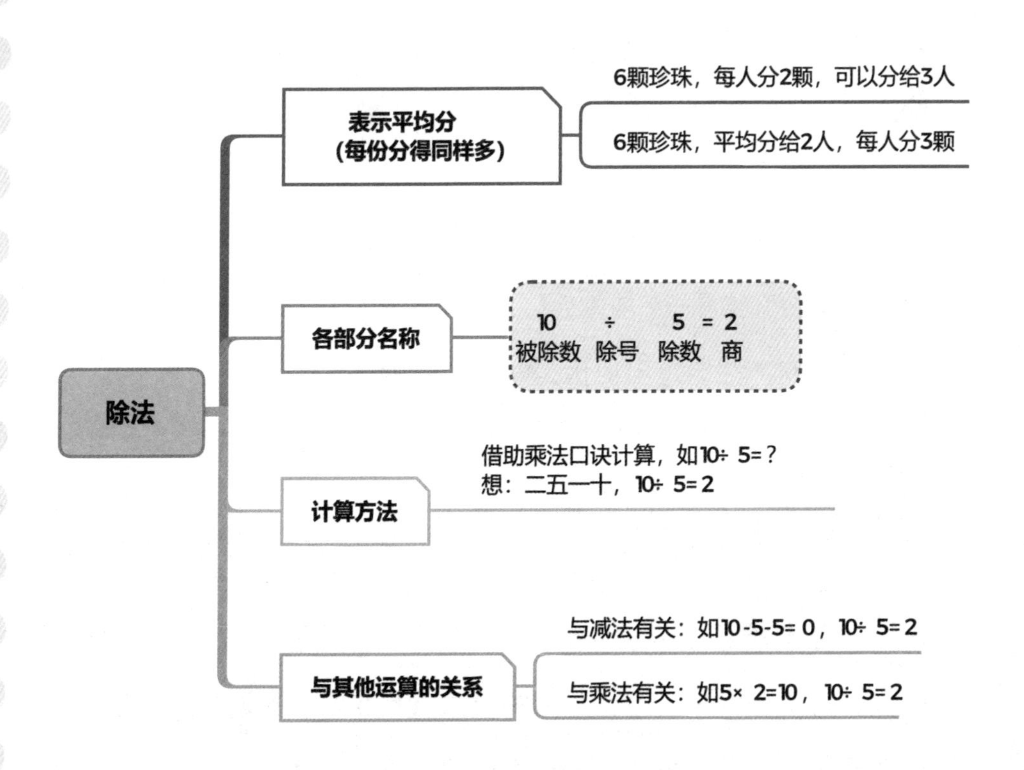

太阳西沉，愉快的一天结束了，五个小伙伴收拾东西回家。路上突然被一阵唧唧哇哇的吵闹声吸引。大家顺着声音，找到了躲在岩石缝里的海蟹兄弟们。

岩石缝里有 5 只海蟹弟弟挥舞着大钳子，正分享海蟹大哥从陆地上带回来的花生饼。

只听海蟹大哥说："兄弟们，别急，我这次一共带回来 20 多块花生饼，我们 6 只螃蟹分，保证每个人能分的一样多，大家排好队，一个一个来领。"听到海蟹大哥的话，海蟹弟弟们安安静静地排好队，开心地准备领自己的那份花生饼。

伊伊算了算，说："原来海蟹大哥带回来 24 块花生饼啊。"

海蟹大哥十分震惊："咦，我只说带了 20 多块花生饼。伊伊，你怎么知道是 24 块的？"

小朋友，你能想出伊伊是怎么知道的吗？

温馨小提示

海蟹大哥带回来的花生饼有 20 多块，每只海蟹能分得同样多，说明可以平均分。加上海蟹大哥自己，一共有 6 只海蟹，所以是关于 6 的口诀。在乘法口诀中，只有 4×6 是 20 多，所以花生饼一定是 24 块。

第七章

卧室大改造

——厘米和米

江美美在珊瑚屋已经住了一个多月，珊瑚屋里仅住伊伊和逗逗还是很宽敞的，但她住进来之后，空间就不太够用了。江美美决定改造珊瑚屋，顺便装修一下。

这可乐坏了两个小家伙。

逗逗急忙说："我希望我的房间很大很大，大到能让我在里面翻跟头！"伊伊说："我希望我的房间里有光，白天有温暖的太阳光照进来，晚上抬起头能看到洒落在海面上的星光。"

江美美拿出纸，认真地把他们的要求记了下来，还用直尺在上面边量边画。

伊伊和逗逗好奇地凑过去看，只见江美美在纸上画了一条又一条笔直的线。

"你画的这些是什么图形啊？"伊伊问。

江美美看看好奇的两个人，重新拿出一张纸，在上面画了一条直直的线，线的两端还点上了两个小点："这种**两边有两个端点的直线，叫作线段**。"

江美美又说："线段是构成图形的基本要素（sù），生活中许多物品的边都可以看作是一条线段。"她指了指长方形白纸的边，说："你们看，

这张长方形纸的边就可以看作是线段。”

“我知道了，窗户的一条边也可以看作线段。”伊伊现在举一反三的本领是越来越强了。逗逗也不甘落后，脑筋转得飞快，急着要找出线段：“把长方形纸对折，中间的折痕(hén)也可以看作线段。”听到逗逗的想法，江美美和伊伊都为他鼓起了掌。逗逗顿时感觉自己充满了力量，他兴奋地将手一挥，书桌立刻变大了，差点儿把房间撑（chēng）破。对于线段的学习让逗逗恢复了变大魔法。逗逗看着变大的书桌，又有了新的想法："书桌的桌面是长方形的，它的四条边是四条线段，其中两条线段长，两条线段短。所以，**线段是有长短的**。"

有了线段的帮忙，江美美很快就画好了三个人房间的设计图，有书柜、书桌、床，还有运动区。逗逗有了可以运动的地方，伊伊有了可以看星光的天窗。

大家来到逗逗的房间参观，看到散落在地上的运动器材，逗逗想了想，说："这里缺少一个放运动器材的箱子。"珊瑚屋感应到了逗逗的想法，立刻变出了一个蓝色的整理箱，箱子下面还有轮子，方便移动。

江美美想到自己房间里有一些看完的书没地方放，就说："逗逗，我需要一个长方形的书架。"

"你的书架需要多大呢？"逗逗问。

"你的箱子是多大呢？"江美美反问逗逗。

"箱子的长度大约有 3 支铅笔加起来那么长。"逗逗说。

"箱子的长度大约有 2 个哑(yǎ)铃加起来那么长。"伊伊说。

"咦，为什么同一个箱子的长度我们说的不一样？到底哪种说法更合适？"逗逗问。

"**测量物体的长度需要统一的标准，一般用尺子来测量**。"江美美说着从工具箱里拿出卷尺。

"我也要量，我也要量！"伊伊想尝试一下测量物体。

只见伊伊把尺上的 0 **刻度线对齐整理箱的一端**，江美美拉着卷

尺，在整理箱的另一端停了下来。逗逗看到和整理箱的边对齐的线上标着 60 的数字。

“有多长啊？”伊伊迫不及待地问。

“60 厘米。”江美美看了看刻度尺，回答道。

“60 厘米是多长？”逗逗听到新的名词，又开始迷糊了。

江美美指着尺子说：“你看，尺子的竖线下面隔一段会标数字，数字后面这个 cm 就是厘米的意思。每个 1 厘米的长度都是固定的，1 厘米大约有我的食指这么宽。刚才我们从刻度 0 开始测量，最后是刻度 60，所以这个箱子的长度是 60cm。”

“我的整理箱有 60cm 长，那另外一边呢？”这次逗逗也想试一试。逗逗从伊伊手中拿过尺子，将尺子上的 0 刻度线对齐了整理箱的一端。

“一定要从 0 开始吗？”逗逗问，“能不能从 1 开始？”

江美美回答：“**从 0 开始量方便**啊，**另外一端对着几就是几厘米**。你从 1 开始量也可以，但是要把量出的数字减去 1，才是它的长度。”

“那还是从 0 开始吧。”逗逗吐了吐舌头，将 0 对准了箱子的一端。可是江美美还没来得及把尺子对齐，逗逗已经开始拉着尺子的一端左晃右晃了。

江美美无奈地说：“逗逗，你先别动。**尺子的边要和箱**

子的边对齐才行，歪(wāi)了就量不准了。”逗逗听到这句话立刻安静下来。最后量出来的结果是整理箱的另一边长 50 厘米。

“江美美，你的房间有多大啊？”逗逗想江美美的房间肯定有几百厘米。

“我的房间也是个长方形。长的一边有 5 米，短的一边有 4 米。”江美美回答说。

“米？怎么不是厘米？”伊伊觉得奇怪。

“**米是另一个长度单位**。米可以用字母 m 表示。**1 米是 100 厘米**，是比厘米更大的长度单位。”江美美解释道。

米的诞生

米（m）是国际单位制的基本长度单位，在世界各国广泛使用。不过，在米出现之前，各个国家、地区使用的长度单位各不相同。单位制的不同给各国往来带来了很大的困扰。

法国科学家提出：以通过巴黎的子午圈全长的四千万分之一作为标准的长度单位。为此，法国派出了一支测量队。测量队首先测量的是法国敦刻尔克到西班牙巴塞罗那的距离。后来，测量队先后遭遇战争、队长死亡等不幸事件，经过6年的坚持，他们终于交出了“答卷”。1799年，法国开始正式使用米制，并向世界各国推广。

“哇，1 米有 100 厘米那么长！”伊伊在江美美的手臂间游来游去，“可以给小鱼们当游泳池了。”

江美美说：“**测量比较长的物体时就可以用米做单位**。如果用厘米做单位，那么我的房间长边有 500 厘米，短边有 400 厘米，念起来不方便，量起来也特别麻烦。”

逗逗这下明白了，用厘米做单位去测量比较大的物体不合适，应该选择合适的长度单位。测量小的物体的长度可以用厘米，测量大的物体的长度就得用米，**根据物体大小选择合适的单位**，这样就会方便很多。

江美美指了指自己的床问：“你们测量床的时候用什么做单位比较合适？”

“米。”伊伊和逗逗异口同声地回答。

逗逗给江美美变出一个高 90 厘米、宽 60 厘米的书架。

“江美美，这个大书架足够你放书了吧？”逗逗问。

“不，不够的，这个书架还得分成三层，对了，90 厘米，分成相等高的三层，每层多高，你们算得出来吗？”江美美问。

“如果是 9 厘米，我能算出来，9 ÷ 3=3，每层 3 厘米。”伊伊抢着说。

“我知道，我知道，0 就像我的尾巴卷成一个圈，我走到哪里它就跟到哪里。90 ÷ 3=30（厘米）。我说的对吗？”逗逗问。

“对，对极了，你太聪明了。”江美美觉得逗逗的学习能力非常强。

改造卧室的行动进入了尾声，三个小伙伴找来了许多装饰（shì）品布置房间：有长边 **70 厘米**、短边 **50 厘米**的长方形装饰画，有 **3 米**长的蓝色窗帘。逗逗的房间安装了一个 **2 米**高的篮球架，伊伊的房间有一个边长**80厘米**的正六边形天窗。认识了厘米和米，物品的大小都能确定，房间布置起来方便多了。

晚上，改造过的珊瑚屋发出淡淡的荧（yíng）光，三个小伙伴累了一天，躺在床上，他们透过天窗，望着倒映在海面上的星光，不知不觉进入了甜美的梦乡。

数学小博士

为了让居住更方便，江美美决定重新设计房间。在布置房间时，逗逗和伊伊认识了线段，还认识了测量物体长度的单位：厘米和米。他们还运用相关知识为房间挑选了大小合适的装饰物。

在宽敞明亮的新房间，伊伊高兴地整理出了今天学习的结构图，小朋友们一起来看看吧。

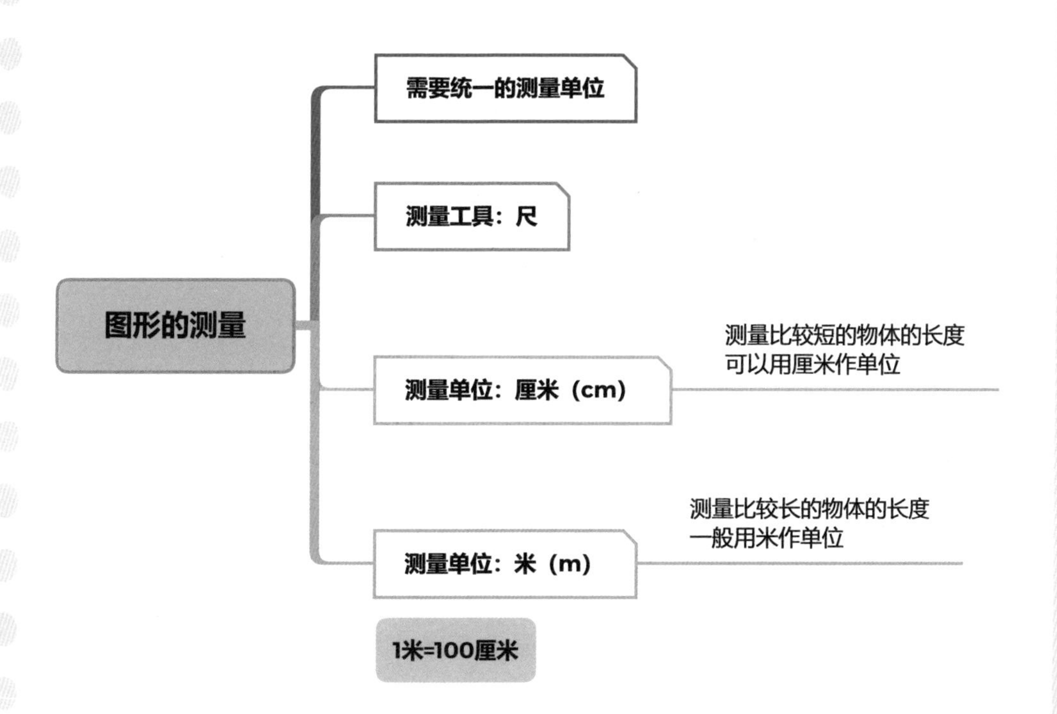

江美美帮助伊伊和逗逗改造了房间，这件事一传十，十传百，海底的其他小动物便经常邀请他们去帮自己改造房间，大家都想让自己的家变变样子。

“海底智囊团”很乐于帮助他们，并且做好了分工。这天，他们去帮豆蟹宝宝改造房间。豆蟹宝宝的家长约 1 米，高约 10 厘米。虽然和别的小动物的家相比，豆蟹宝宝的家很小，可是豆蟹宝宝的身体只有 2 厘米长，1 米长的房子对他来说已经很宽敞了。

江美美问：“豆蟹宝宝，你的家要怎么改造？”

豆蟹宝宝挠了挠头，说：“我的家太大了，住在里面觉得空荡荡的，能帮我改小些吗？”

“这还不简单。看我的！”逗逗甩了甩尾巴，开始施展缩小魔法，慢慢地，豆蟹宝宝的家变小了。看着家变得舒适，豆蟹宝宝开心得挥舞起钳子，左右摇摆。

为了表达谢意，豆蟹宝宝从屋子旁边的岩石里拿出一把直尺，递给逗逗，说：“这个东西是我无意中捡到的，就送给你们吧。”

江美美一看，是把直尺，便对豆蟹宝宝说了好几声谢谢。

伊伊看到直尺上被磨得只剩下几个数字了，就好奇地问：“这把直尺还能用来量长度吗？”

江美美回答说：“当然能啊，而且用这把尺子还能直接量出六种不同的长度呢！”

小朋友，你知道怎样用这把直尺量出六种不同的长度吗？

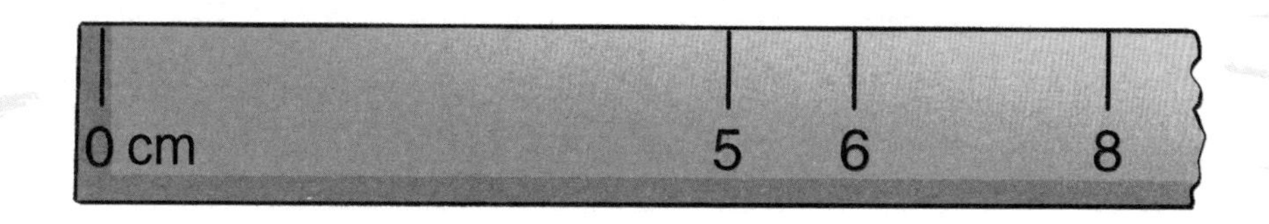

温馨小提示

用这把直尺量物体的长度，可以从“0”刻度开始量，也可以从“5”“6”开始量。

从“0”开始量，可以量出5厘米、6厘米和8厘米；从“5”开始量，可以量出1厘米和3厘米；从“6”开始量，可以量出2厘米。所以，直尺上虽然只有四个数，但还是可以直接量出六种不同的长度。

小朋友，你想到了吗？

第八章

08

粮食危机

——7~9 的乘法和除法

“海底智囊团”的小伙伴们每天学习新知识，看看风景，认识新的朋友，别提多开心了。

这天，三人聚在一起吃饭，讨论下午要去哪里玩儿，吃着吃着大家发现有些不对劲。

“咦？今天的饭菜量好像变少了。”逗逗摸摸肚子，感觉自己还没吃饱呢，餐盘已经空了。伊伊也发现了：“是呀，好像每道菜的分量都少了，难道厨房里还有菜没拿出来吗？”伊伊快速游到厨房，翻遍了每个角落，依然没有看到任何食物。

“走，去问问控制魔法厨房的海龟爷爷。”伊伊和逗逗拉起江美美就往海龟爷爷家走。

海龟爷爷家的门口聚集了很多小动物。大家你一言我一语，三人在旁边听了听，原来大家的食物都变少了，这是怎么回事呢？

海龟爷爷从房子里出来，急得满头大汗，他连忙爬到岩石上，说：“大家都静一静，听我说。”

片刻间，小动物们全都安静了下来。“最近，有一大批别的区域(yù)的小动物为了躲避危险，来到了我们这里。我们这里的食物原材料生长没那么快，小动物一下子多出了这么多，如果按原来的饭菜量准备，现在的食物只够我们大家吃两个月的。即使每家每户(hù)少吃一些，也只能维持三个月。三个月以后，大家可能要冒着生命危险外出寻找食物了。”

江美美有些不明白，问：“我们吃的食物不是魔法厨房变出来的吗？”

伊伊回答：“虽然魔法厨房能变出做好的食物，但还是需要提供食物的原材料，这种原材料一般是生长在海底的海草。”

“小菜一碟，我用魔法把这些植物变大。”逗逗刚恢复的变大魔法终于有用武之地了。

可是，他刚变大了两棵植物就已经没力气了，肚子饿得咕(gū)咕叫。

这可怎么办啊！

正当大家一筹（chóu）莫展时，江美美说：“我们可以在自己家旁边开辟（pì）一个海草种植园，每家每户都种海草，海草就会多起来。3 个月以后，新的海草长出来，大家就不用担心没食物啦！”

这真是一个好办法，大家纷纷加入了海草种植的队伍。“海底智囊团”在自己的珊瑚屋右边开辟了一小块种植地。

“每块种植地可以种 **9 棵海草**，**9 块种植地**可以种多少棵海草？”刚播下种子，逗逗就开始思考了。

“**九九八十一**，9 块种植地可以种 81 棵海草。”江美美说出了

答案。

“九九八十一，这也是乘法口诀吗？”伊伊问。

“当然是了，这是乘法口诀的最后一句。”

逗逗和伊伊已经能熟练背出 1~6 的乘法口诀了，不管江美美怎么考，他们都能很快说出答案。逗逗心里痒痒的：“你就把 7，8，9 的乘法口诀告诉我们吧，前面的我们已经记得很熟了，不会背混的。”

就这样把剩下的口诀告诉他们吗？不，机械(xiè)地记忆只会让学习变得枯燥(zào)乏味。

“口诀都是算出来的，你们也可以，是不是？”江美美想激励一下他们。

“对！6 之前的口诀都能自己算出来，这些当然也可以呀。”逗逗和伊伊决定**找到对应的实物来编 7 的乘法口诀**。

水母阿姨的种植地每行种了 7 棵海草，二人先根据种植地列了一个表格。

种植田的行数	1	2	3	4	5	6	7
海藻的棵数	7	14	21	28	35	42	49
乘法算式	1x7=7	2x7=14	3x7=21	4x7=28	5x7=35	6x7=42	7x7=49

“一七得七，二七十四，三七二十一，四七二十八，五七三十五，六七四十二，七七四十九。”逗逗大声读着，“我觉得三七二十一、四七二十八这两句最难。”

“我觉得六七四十二、七七四十九这两句最难。后面几个数字比较大，应该更加难背，你怎么背得这么快呀？有什么诀窍(qiào)吗？”伊伊问。

“嘿嘿，这是个秘密，想听吗？我说出来有什么好处？”逗逗骄傲地摇头摆尾起来。

“好逗逗，聪明的逗逗，你就告诉我吧。”伊伊一顿彩虹屁，把逗逗吹得晕乎乎了。

“上次江美美讲《西游记》的故事，孙悟空大闹天宫的时候被太上老君关在八卦(guà)炉里整整**七七四十九天**，炼成了火眼金睛。七七四十九，我就这样记住了。记 6×7 的时候可以想，6 个 7 比 7 个 7 少了 1 个 7，49−7=42，所以六七四十二。”原来是这样，有了故事，伊伊也很快就记住了六七四十二、七七四十九。

“这样的窍门，我也有。江美美遇到犹豫不决的事情时会说‘管

九九乘法口诀表

小朋友，你知道吗？九九乘法口诀表是中国古人智慧的结晶，距今已有几千年的历史了。刚开始，乘法口诀是倒过来的，从“九九八十一”起，到“二二得四”止。大约到13、14世纪的时候才像现在这样“一一得一……九九八十一”。九九乘法口诀后来向东传入高丽、日本，经过丝绸之路传入印度、波斯等国家。可以说，它是古代中国对世界文化的重要贡献之一。

他三七二十一'，记 4×7 的时候，想着 4 个 7 比 3 个 7 多 1 个 7，21+7=28，所以就是四七二十八了。”伊伊也分享自己的方法。

江美美没想到，他们把她的话都记在心里，还能用在记口诀上。她很开心，种海草的时候就像有魔法一样，力气怎么用也用不完。

“海底智囊团”一边学习乘法口诀一边种海草，脑力劳动加体力劳动，不一会儿就觉得浑身热了起来。逗逗晃动着背鳍(qí)施展魔法，顿时，周围凉快了许多。

“逗逗，你的魔法力量好像增强了许多。”江美美想起逗逗第一次施展魔法降温时，几分钟就把能量消耗光了。这次的风比上次还要凉爽，而且都持续半个小时了，逗逗看起来还是很轻松的样子。

逗逗也发现了，于是又试了试其他魔法，果然都比以前轻松。他跳了起来，对江美美说:“我的魔法不仅恢复了，还比以前更厉害呢，谢谢你的帮助！”

江美美也很高兴，她帮助海马逗逗恢复了魔法，但自己也该回家了。可是现在海底世界正在经历粮食危机，江美美决定再留几天，帮助海底世界的小动物们把海草种好再离开。

江美美把这个决定告诉了伊伊和逗逗，两个人都十分难过，但是他们知道，江美美不能一直生活在海底世界。为了转移注意力，逗逗提议大家出去散散步。

“海底智囊团”现在变成了散步团，他们来到了海蚌姐姐家的种植地。海蚌姐姐的每块种植地里种了 **8 棵海草**。逗逗和伊伊马上列出口诀表，并背了下来。

种植田的块数	1	2	3	4	5	6	7	8
海藻的棵数	8	16	24	32	40	48	56	64
乘法算式	1x8=8	2x8=16	3x8=24	4x8=32	5x8=40	6x8=48	7x8=56	8x8=64

回到家里，逗逗和伊伊学习的热情还很高涨，他们根据珊瑚屋外面的种植地又编出了 9 的乘法口诀。

种植田的块数	1	2	3	4	5	6	7	8	9
海藻的棵数	9	18	27	36	45	54	63	72	81
乘法算式	1x9=9	2x9=18	3x9=27	4x9=36	5x9=45	6x9=54	7x9=63	8x9=72	9x9=81

“如果不小心有一句忘了怎么办？”江美美突然问。

“啊——”江美美一问，就把伊伊问住了。

“这有什么难的，通过前面一句口诀或者后面一句口诀进行加减来计算答案。”逗逗说。江美美朝逗逗竖起了大拇指，她现在是越来越喜欢这个充满自信的逗逗了，于是送了一份礼物——乘法口诀表给逗逗。

乘法口诀表

一一得一								
一二得二	二二得四							
一三得三	二三得六	三三得九						
一四得四	二四得八	三四十二	四四十六					
一五得五	二五一十	三五十五	四五二十	五五二十五				
一六得六	二六十二	三六十八	四六二十四	五六三十	六六三十六			
一七得七	二七十四	三七二十一	四七二十八	五七三十五	六七四十二	七七四十九		
一八得八	二八十六	三八二十四	四八三十二	五八四十	六八四十八	七八五十六	八八六十四	
一九得九	二九十八	三九二十七	四九三十六	五九四十五	六九五十四	七九六十三	八九七十二	九九八十一

逗逗太喜欢这张表了，像宝贝一样时时刻刻带着，还不时拿出来看看。看着看着，逗逗又发现了什么。

“快看呀，这张表里藏着一个大秘密。”他说。

“什么秘密？”伊伊立马凑近看。

横着看：从上往下分别是 1 的口诀、2 的口诀、3 的口诀……一直到 9 的口诀。

竖着看：从左往右每列分别是 1 几、2 几、3 几……一直到 9 几的口诀。

斜着看：最上面斜着的一行都是两个相同的数相乘。

逗逗和伊伊开心得直跳，两人像找到一个巨大的宝藏一样兴奋不已。为了让每家每户都知道自己种了多少棵海草，“海底智囊团”还将这份乘法口诀表抄了好多份分给大家。这样一来，海龟爷爷算食材数量的时候也方便多啦！

数学小博士

海底世界遭遇了粮食危机，江美美提出的通过种植海草增加食物原材料的方法，让大家有了希望，于是家家户户种起了海草。

“海底智囊团”不仅解决了粮食危机，还在种海草的过程中编出了7~9的乘法口诀，制作了1~9的乘法口诀表。大家快来看看逗逗整理的乘法口诀表吧！

乘法口诀	
1的乘法口诀	一一得一
2的乘法口诀	一二得二，二二得四
3的乘法口诀	一三得三，二三得六，三三得九
4的乘法口诀	一四得四，二四得八，三四十二，四四十六
5的乘法口诀	一五得五，二五一十，三五十五，四五二十，五五二十五
6的乘法口诀	一六得六，二六十二，三六十八，四六二十四，五六三十，六六三十六
7的乘法口诀	一七得七，二七十四，三七二十一，四七二十八，五七三十五，六七四十二，七七四十九
8的乘法口诀	一八得八，二八十六，三八二十四，四八三十二，五八四十，六八四十八，七八五十六，八八六十四
9的乘法口诀	一九得九，二九十八，三九二十七，四九三十六，五九四十五，六九五十四，七九六十三，八九七十二，九九八十一

江美美在查看大家的海草种植地时，发现了一棵长得有点儿像小兔子的海草。

“真是棵有趣的海草。”她边说边用手轻轻碰了一下，“海草”突然跑了，江美美吓了一大跳，“这是什么生物？”

“是海兔贝贝，他们可喜欢吃海藻了，吃什么颜色的海藻，就会变成什么颜色，所以你会把贝贝误认为是海草。”伊伊回答说。

逗逗看着跑开的贝贝，灵机一动，说：“有贝贝的地方肯定有海藻，海藻也能成为食物原料，我们快去看看。”

“海底智囊团”跟着贝贝来到野外，果然在贝贝停下来的地方发现了许多海藻，有红藻、墨角藻、绿藻等。原来，贝贝也想帮助大家缓解粮食危机的，只是贝贝太害羞了，只能自己跑过来让大家来追。

逗逗看着成片的海藻，脑子里出现了一个数学问题：红藻每行有 7 棵，有 8 行。墨角藻每行有 9 棵，有 6 行。是红藻多还是墨角藻多？

伊伊一下子就算出了答案，大声回答：“红藻多。”逗逗和江美美在一旁给他鼓掌。

小朋友，你知道伊伊是怎么算的吗？

红藻每行有7棵，有8行，所以红藻有7×8=56（棵）。墨角藻每行有9棵，有6行，所以墨角藻有9×6=54（棵）。56>54，所以红藻比墨角藻多。

小朋友，你算出来了吗？

第九章

江美美的礼物

——图形的组合

日子过得真快，江美美已经准备离开海底世界了，小动物们都舍不得她。

看到大家闷闷不乐的样子，海星爷爷安慰大家："现在逗逗的身体已经康复了，江美美不像我们一样可以一直生活在海底，她总要回家的。"

海星爷爷的话非常有道理，小动物们的心情不再那么沉重了。江美美是他们永远的好朋友。再说了，还可以随时邀请她回来做客呢。

“我们给江美美举办一个欢送会吧，给她留下美好的海底旅行回忆！”逗逗的提议得到了小动物们的赞同。于是，大家开始准备欢送会。

灯笼鱼小蓝和小黄购(gòu)买一些彩灯、气球，布置欢送会的现场；海龟爷爷收集海草，操作魔法厨房多做些海底世界的特色食物；海星家族召集海底小动物们参加欢送会并维持秩(zhì)序。

伊伊和逗逗也忙碌着，他们瞒着江美美，想给她一个惊喜。

江美美看着大家这么忙碌，以为海底世界又出了什么问题呢。

说到问题，还真有问题：海底世界这么多小动物，需要多少张桌子？怎样摆比较合适？逗逗早上醒来就为这事发愁。

伊伊说："如果有一种魔法，来几个小伙伴就变几张桌子，还能根据客人的喜好变换形状就好了。"

"我有个好主意！我们可以准备**各种形状**的桌子，比如三角形

的、长方形的、五边形的……每个小动物都可以挑选自己喜欢的桌子，喜欢怎么坐就怎么坐！”逗逗说。

“这个创意真是太妙了！”伊伊忍不住赞叹。

两张桌面还可以**拼出新形状**的桌面。例如：

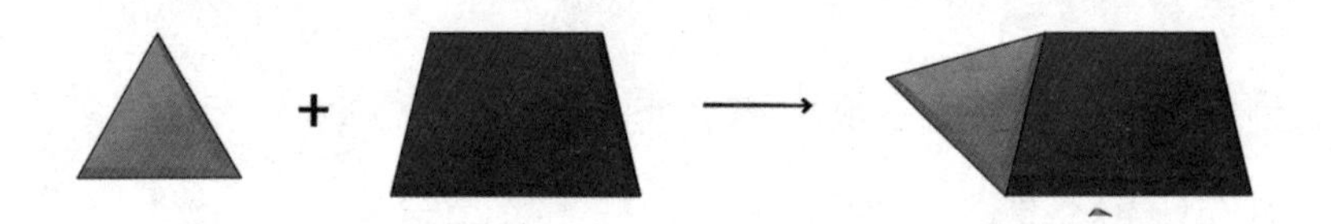

三张桌面也可以拼出新形状的桌面。例如：

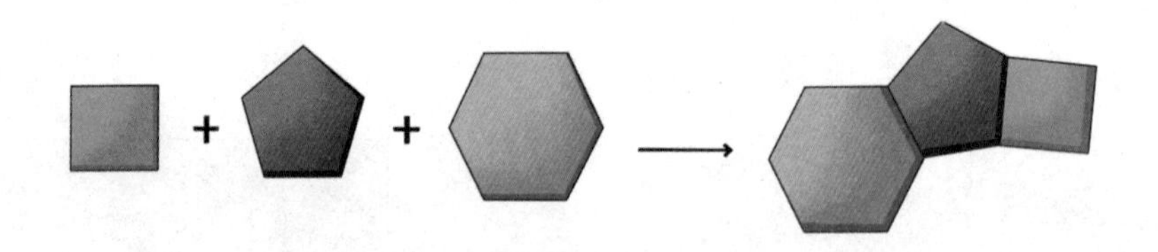

欢送会这天，海底世界的小动物们都来了。水母阿姨带来了好吃的海苔味点心，想让江美美记住海底的味道；小蓝和小黄吐了很多小泡泡，装在玻璃瓶中，这样以后江美美来海底世界，就可以用泡泡打开入口了；海蚌姐姐带来了一颗璀璨（cuǐ càn）夺目的珍珠，江美美可以随身携带（xié）；海兔贝贝带来了五色海藻，这种海藻可神奇了，江美美吃了就会变成海藻的颜色，躲过危险。看到大家为她准备的礼物，江美美既开心又感动。

伊伊和逗逗在形状各异的桌子上摆满了美味可口的食物。

小动物们很喜欢这些小桌子，一边吃一边拼来拼去，感觉非常有意思。

江美美正发愁回送大家什么礼物，看到这些小桌子，她立刻有了想法。她找来一些塑料（sù liào）板，切成几个小块，每块涂上不同的颜色，一个有趣的玩具出现了。

“这是什么啊？”

“好像很好玩的样子。”

“有些图形和桌面的图形是相同的。”大家议论纷纷。

“它叫七巧板，有七块，有三种不同的图形：三角形、正方形、平行四边形。”江美美给大家解释。

“我看出来了，粉色的和蓝色的图形形状、大小完全相同；红色的和黄色的图形形状、大小完全相同。”伊伊现在可会找规律了。

“我们来玩七巧板游戏吧！”江美美说。

大家接过玩具就开始摆弄。

“从简单的开始。第一次游戏，选两块，拼出认识的图形。”江美美大声说。

小黄选了两块小三角形，先后拼出了一个大三角形、正方形和平行四边形。

贝贝选了一块三角形和一块平行四边形，拼出了两个不同的四边形。

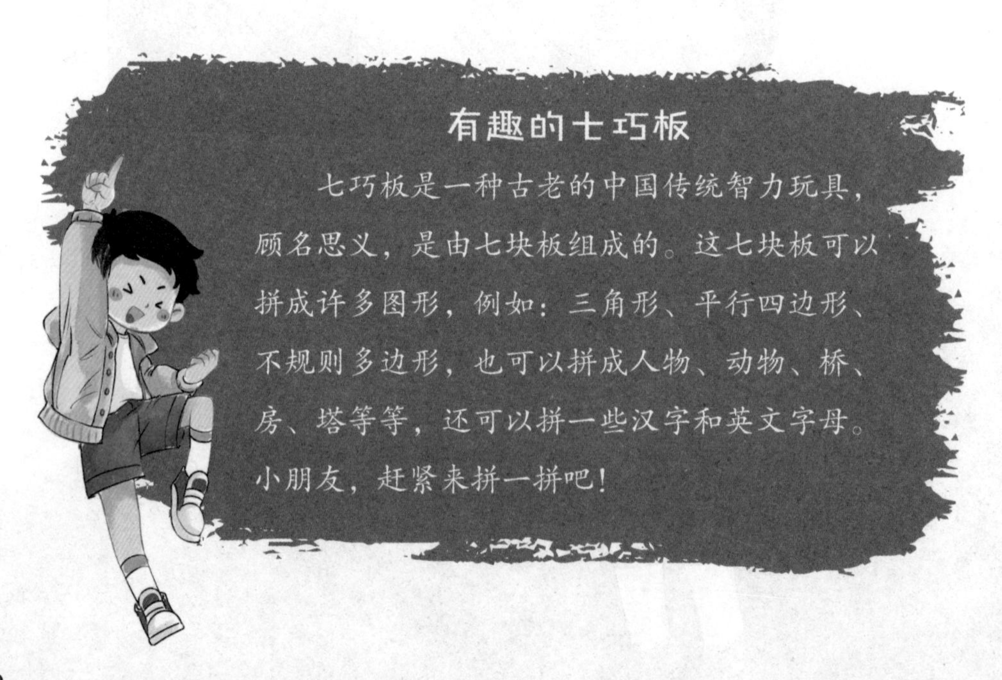

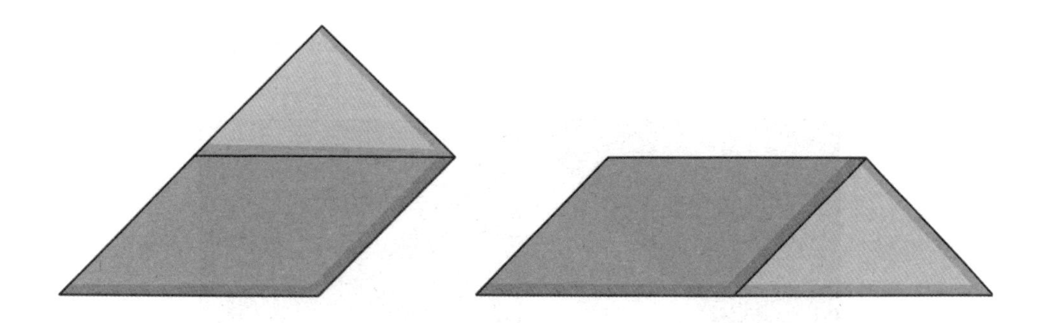

看到大家已经熟悉七巧板的玩法，江美美决定把游戏难度升级："第二次游戏，多选几块，拼出你认识的图形。"

小蓝、海蚌姐姐、海蟹大哥选了三个图形，有的拼出了**三角形**，有的拼出了**正方形**，还有的拼出了**长方形**。

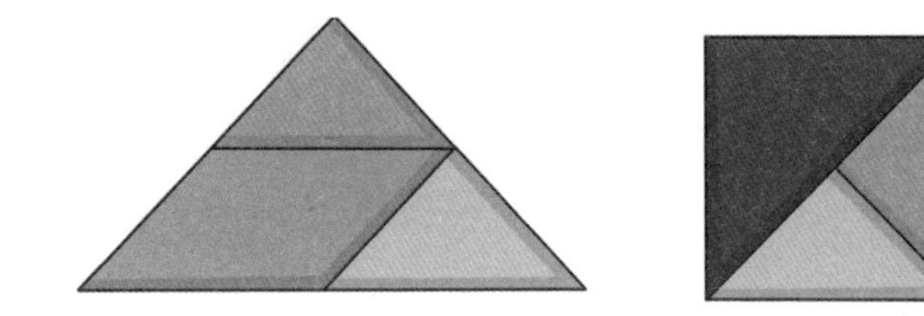

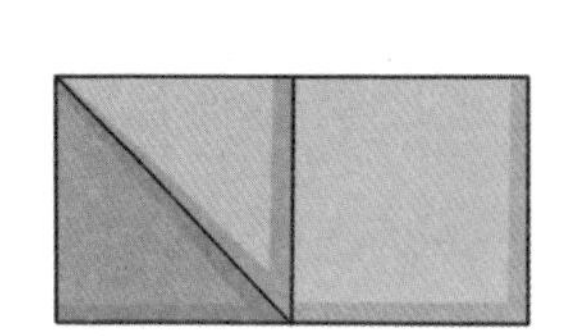

逗逗则选择了五个图形，拼成了一个**四边形**。

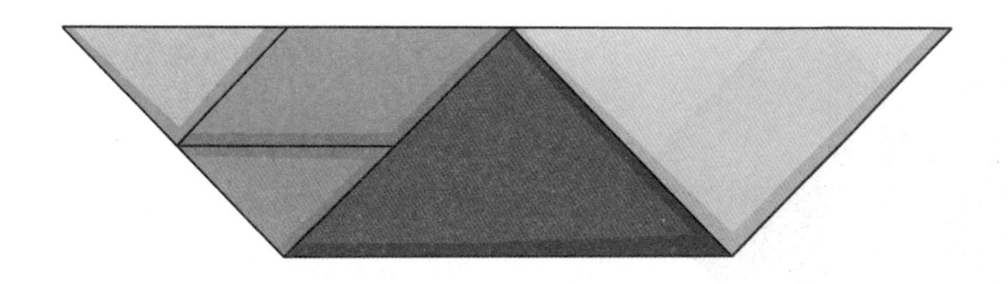

小黄把七个图形都用上了，拼成了一个**长方形**。小动物们都围过来看小黄拼的图形。

"小黄，你真厉害！这么多图形都能拼接在一起，真有趣。""图形和图形居然有这么多组合！”小动物们热烈地讨论着，玩得很开心。

这时，江美美说话了：“第三次游戏，任意选择几块，展开想象，拼出图案，并告诉大家，你拼的是什么。谁敢挑战这个游戏？”

大家都把目光看向小黄。

小黄觉得自己用**七个图形**拼出一个长方形已经很厉害了，居然还要拼出图案，这可把她难倒了。

其他小动物也犯难了，这可怎么拼啊？只有伊伊，独自一人在桌子上摆弄着七巧板。

和江美美在一起的这段时间，伊伊已经学会了遇到困难要认真思考，不一会儿，伊伊**拼出了一条鱼**。

伊伊拼出的这条鱼，像黑暗中的一道光，引导大家找到了思路，鼓起挑战的勇气。

小海星**拼了一个房子**，屋顶上有个绿色的烟囱（cōng）。逗逗拼了一个奔跑的人——江美美。

“难怪叫七巧板，果真巧妙啊！能拼出许许多多有创意的图案，太好玩了！”逗逗感叹道。

看到七巧板获得所有人的喜爱，江美美心里像吃了蜂蜜一样甜丝丝的。这些美好的画面，等她离开海底世界后一定会经常想起。

数学小博士

海底世界的小动物们决定给江美美办个欢送会，让她留下美好的海底旅行回忆。

在欢送会上，伊伊和逗逗准备了不同形状的桌子供大家挑选，桌子可以自由组合成新的图形，既方便又有创意。江美美也受到启发，做了七巧板送给大家。大家用七巧板拼出了许多有意思的图形，让整个欢送会变得更有意思了。小朋友们，一起看看伊伊整理的关于七巧板的信息吧！

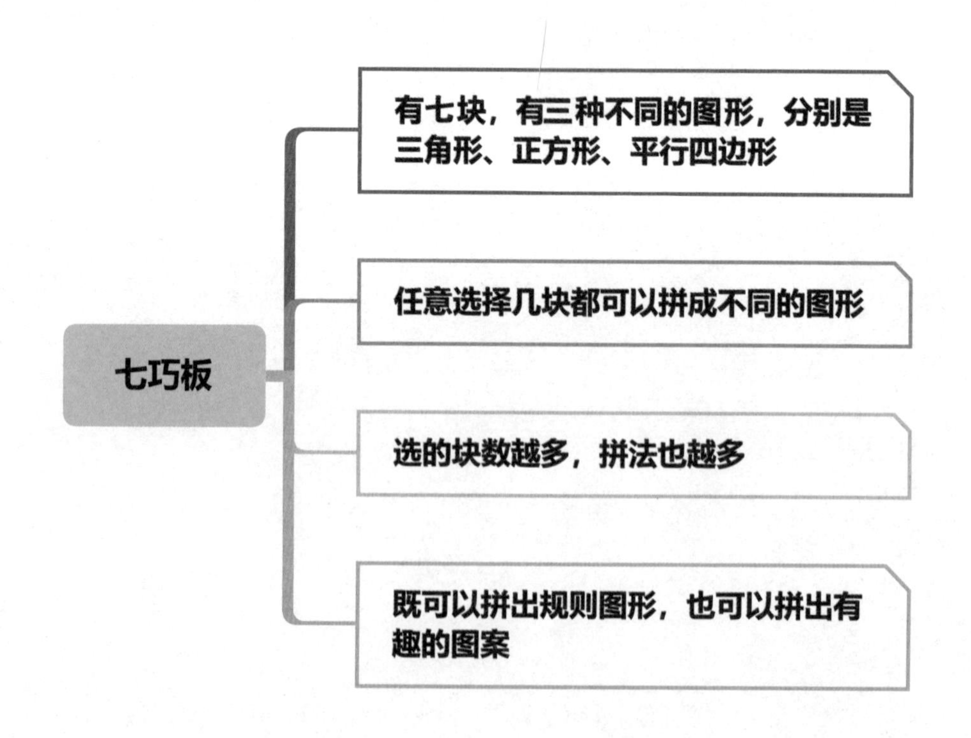

不知不觉，欢送会快要结束了。伊伊和逗逗还兴致勃勃地玩着七巧板，他们在比赛看谁拼的图案多。比了很久也没有结果，江美美决定改变规则，换个比法：“你们谁能去掉七巧板中的一块，把它拼成五边形，谁就获胜。”

逗逗和伊伊几乎同时想到了答案。小朋友，你知道他们拿走的是哪一块吗？

温馨小提示

要用六块拼成五边形，可以先用七块拼成四边形。这样只需要在四边形里拿掉一块，让边多出一条，就可以找到答案了。

比如左边这个五边形，是去掉了紫色的三角形拼成的；右边的这个五边形，是去掉黄色的大三角形拼成的。

小朋友，你学会了吗？

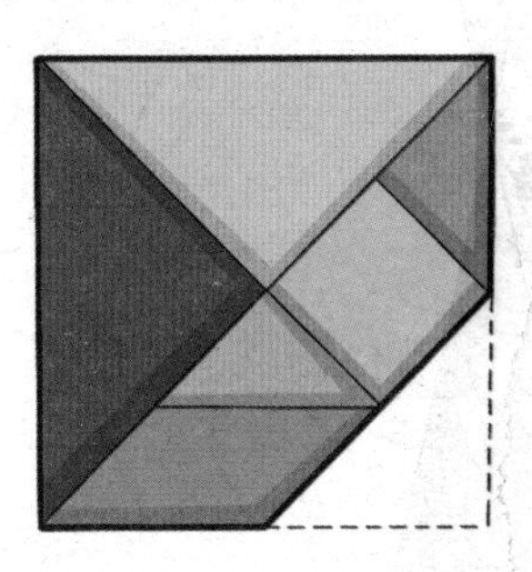
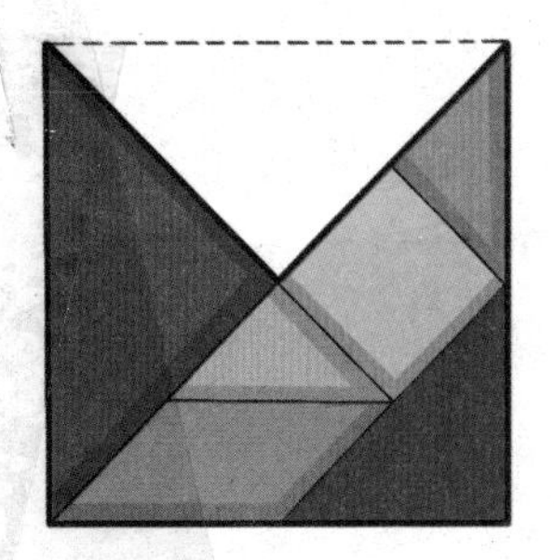

尾声

分别的日子还是到了，大家把江美美送到了海底世界的入口。

逗逗对江美美说："你不仅帮我恢复了魔法，还帮我学到了这么多知识，真舍不得你回去啊！"听着逗逗的话，大家既感动又难过。

伊伊忍住泪水说:“现在我们的魔法都变强了，可以随时接你到海底世界来玩儿。希望你下次再来海底世界，和我们一起经历更有趣的事。”说完，他把自己的一片鱼鳞变成一个小丑鱼图案附在江美美的手臂上:“这是小丑鱼精灵，他可以时刻守护你，在你有需要的时候就会出现，你也可以在想我们的时候看看。”江美美看着这个小丑鱼图案，非常喜欢，看着这个图案就感觉这些好朋友一直都在身边。

时间到了，小蓝和小黄吐出同样多的泡泡，把海底世界的入口打开了。逗逗施展魔法，喷出一串五彩的泡泡，把江美美包裹了起来。泡泡托起江美美慢慢地朝海面飘去，她向小伙伴们挥挥手，抹去眼里的泪水，心里暗暗说道:“谢谢你们，可爱的小动物们，我们一定会再见的!”

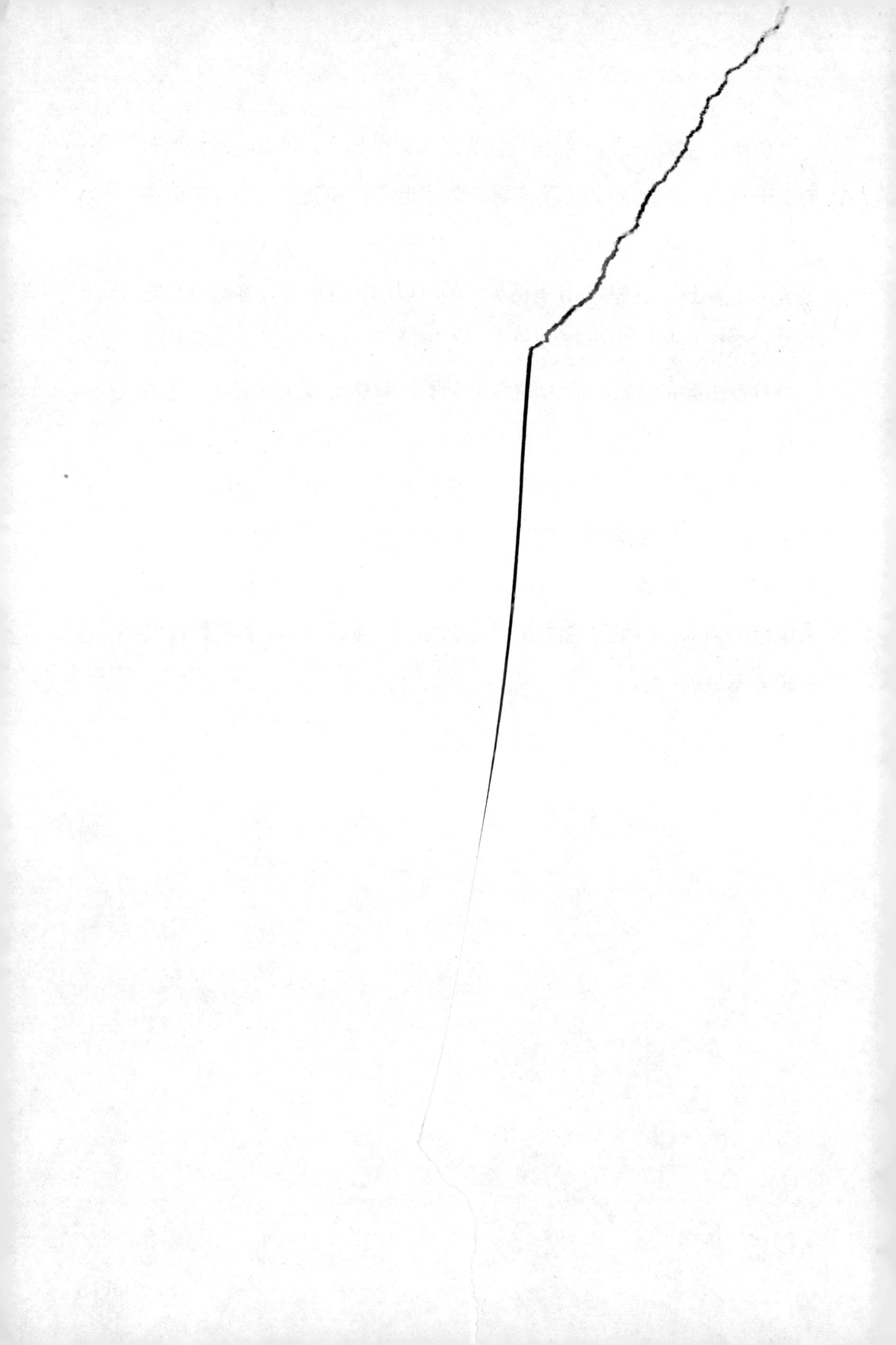